MATHEMATIK LEICHT GEMACHT

5.–8. KLASSE

GEOMETRIE

MATHEMATIK LEICHT GEMACHT

5.–8. KLASSE

Annett Breiter

GEOMETRIE

Orbis Verlag

INHALT

SCHON DIE ALTEN ÄGYPTER KANNTEN SIE
Die Geometrie 6

PUNKT, PUNKT, KOMMA, STRICH …
Punkte, Geraden, Winkel, Strecken 10
    Punkte und Geraden 10
    Winkel 14
    Strecken 22
    Abschlusstest I 26

GLEICH UND GLEICH GESELLT SICH GERN
Symmetrie 28
    Punktsymmetrie – Drehsymmetrie 28
    Axialsymmetrie 28

EINFACHE ZEICHENSPRACHE
Grundkonstruktionen 32
    Abtragen einer Strecke auf einem Strahl 32
    Antragen eines Winkels an einen Strahl 33
    Halbieren einer Strecke 33
    Errichten einer Senkrechten 36
    Fällen eines Lotes 36
    Halbieren eines Winkels 37
    Konstruktion einer Parallelen zu einer Geraden 37
    Abschlusstest II 40

BITTE NICHT IM DREIECK SPRINGEN
Dreiecke 42
    Einteilung der Dreiecke 42
    Sätze zum Dreieck 46
    Besondere Linien und Punkte im Dreieck ... 50
    Berechnungen am Dreieck 56
    Dreieckskonstruktionen 60
    Abschlusstest III 64

VIELE ECKEN ZUM VERSTECKEN
Vielecke und Vierecke **66**
- Vielecke 66
- Einteilung der Vierecke 70
- Sätze zum Viereck 74
- Berechnungen am Viereck 82
- Viereckskonstruktionen 86
- Abschlusstest IV 90

ICH GLAUB, ICH DREH MICH IM KREIS
Kreise **92**
- Kreise und Geraden 92
- Sätze zum Kreis 96
- Konstruktionen des Kreises 100
- Berechnungen am Kreis 104
- Abschlusstest V 108

GEOMETRISCHE VERWANDTSCHAFTEN
Ähnlichkeit **110**
- Streckenverhältnisse 110
- Strahlensätze 114
- Vervielfachen und Teilen einer Strecke 118
- Die zentrische Streckung 119
- Ähnlichkeitsabbildungen 122
- Ähnliche Figuren 123
- Abschlusstest VI 126

NUN KOMMT BEWEGUNG IN DIE GEOMETRIE
Elementare Bewegungen **128**
- Geometrische Abbildung 128
- Verschiebung 129
- Drehung 132
- Spiegelung 133
- Abschlusstest VII 136

LÖSUNGEN **138**

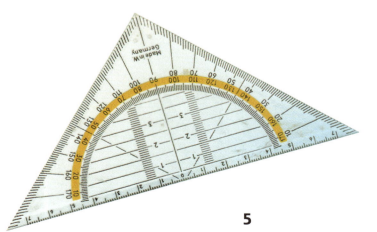

SCHON DIE ALTEN ÄGYPTER KANNTEN SIE
Die Geometrie

Lernhilfe „Geometrie" – eine Hilfe zum Erfolg

Willkommen im Reich der Geometrie! Über den Kauf dieser Lernhilfe kannst du dich freuen, denn damit wirst du im geometrischen Sinne deine Heimat, aber auch ferne Länder wie mit einem Kompass entdecken lernen.

Die Lernhilfe wird dich auf deinen Streifzügen begleiten. Sie wird dir helfen geometrische Klippen zu umschiffen und dich auf diese Weise sicher zu deinem Ziel führen.

Bevor es aber richtig losgeht, müssen noch wichtige Reisevorbereitungen getroffen werden. Als Erstes erhältst du einen netten, spaßigen Reisebegleiter, damit du im Land der Geometrie nicht hilflos und einsam bist.

Dein Begleiter heißt MacCool.

MacCool möchte sich auch gleich vorstellen:

Die Geometrie
EINLEITUNG

Zu einer richtigen Reisevorbereitung in ein fremdes Land gehört weiterhin, dass du dich über dessen Geschichte informierst. MacCool hat dir diese Aufgabe schon abgenommen und in dicken, alten Büchern gewälzt. Dort hat er Interessantes über das Reich der Geometrie gefunden:

Geschichtlicher Streifzug durch die Geometrie

Die alten Ägypter, die dir sicherlich aus dem Geschichtsbuch bekannt sind, setzten mit ihrer Kunst der Feldvermessung erste Maßstäbe in der Anwendung der Geometrie.
Die Griechen entwickelten die Geometrie vor etwa 2500 Jahren zu einer selbstständigen Wissenschaft. Insbesondere Thales, Pythagoras, Hippokrates, Plato und Archimedes vollbrachten herausragende geometrische Leistungen. Die Erkenntnisse dieser Männer spielen auch im vorliegenden Buch eine wesentliche Rolle.
Einer der bedeutendsten griechischen Mathematiker war Euklid (etwa 300 v. Chr.). Er hat als Erster eine Systematik der Geometrie zusammengefasst. Es entwickelten sich aber auch so genannte nichteuklidische Geometrien, die in der Mathematik von Bedeutung sind.

Die ebene Geometrie: das Land, das es als Erstes zu erkunden gilt

Heute unterscheiden wir zwischen der ebenen Geometrie (Planimetrie), die sich vorrangig mit der Berechnung von Flächen befasst, und der räumlichen Geometrie (Stereometrie), die sich den dreidimensionalen Körpern widmet.
Die Lernhilfe, die du jetzt in Händen hältst, führt dich in das Land der ebenen Geometrie. Denn nur von da aus kannst du auch die Reise in das Reich der Stereometrie antreten.

Vor Reiseantritt wirst du dir vielleicht die Frage stellen: Wozu muss ich überhaupt etwas über Geometrie erfahren? Meine Umgebung kenne ich auch ohne sie recht genau.

Wahrscheinlich wirst du antworten: Weil es in der Schule eben „drankommt".

Recht hast du! Aber: Soll das schon alles gewesen sein? Nur für die Schule?

Überlege doch einmal selbst; dir fallen bestimmt noch andere Gründe ein.

MacCool hat auch überlegt und ihm ist eine Menge eingefallen, sodass gar nicht alles auf diese Seite passt:

Die Welt der Geometrie ist keine kalte, abstrakte Welt. Ganz im Gegenteil!

Sie bezeichnet und unterscheidet zum Beispiel konkrete Figuren wie Dreiecke, Vierecke oder Kreise.

Sie ermöglicht Berechnungen von Inhalten, Seitenlängen und Höhen für den Häuser- oder Maschinenbau.

Sie liefert Zeichnungen und Konstruktionen als Grundlage für die Industrie (technische Zeichnungen) oder für die Landwirtschaft (Gartenbau) …

Nun können die Reisevorbereitungen abgeschlossen werden. Doch halt! Das Wichtigste hätten wir beinahe vergessen – die Landkarte nämlich. In unserem Fall ist es das Buch selbst.

Tipps und Hinweise für den Umgang mit der Lernhilfe

Hier nun einige Hinweise, wie du damit umgehen kannst. Die Lernhilfe wurde in einzelne Kapitel und Unterkapitel gegliedert, wie dem Inhaltsverzeichnis leicht zu entnehmen ist.

Die Unterkapitel wiederum sind in drei Einheiten unterteilt:

1. Grundlagen,
2. Übungen,
3. Abschlusstest.

Die Geometrie
EINLEITUNG

Die Grundlagen wurden so entwickelt, dass sie für dich leicht überschaubar und Schritt für Schritt begreifbar sind. Denn das Wissen über diese Inhalte gehört auf deiner Reise nun einmal zu den wichtigsten Aufgaben, die du erfüllen musst.

Eine deutliche Hervorhebung der einzelnen inhaltlichen Elemente erleichtert dir zusätzlich das Arbeiten mit diesem Buch. Das folgende Beispiel soll dir die wichtigsten Bausteine der vorliegenden Lernhilfe erklären:

1. Grundlagen

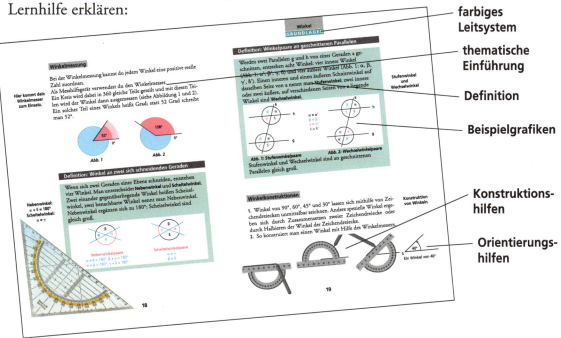

- farbiges Leitsystem
- thematische Einführung
- Definition
- Beispielgrafiken
- Konstruktionshilfen
- Orientierungshilfen

Nach jeder thematischen Einheit innerhalb eines Unterkapitels schließt sich ein Übungsteil an. Dieser soll dir zeigen, ob du den vorausgegangenen Stoff auch wirklich verstanden hast.

2. Übungen

Nach den „großen" Kapiteln kannst du in einem Abschlusstest selbst prüfen, ob du das gesamte Thema nun beherrschst oder ob es günstiger für dich ist, bestimmte Inhalte zu wiederholen. Die richtige Einschätzung und weitere Tipps und Hinweise gibt dir MacCool dann am Ende eines jeden Tests.

3. Abschlusstest

Mithilfe des im zweiten Teil des Buches abgedruckten Lösungsteils kannst du schließlich jederzeit kontrollieren, ob du beim Lösen der Aufgaben richtig gearbeitet hast.

Kontrolle

Nun denn: erfolgreiche Geometriereise!

PUNKT, PUNKT, KOMMA, STRICH ...
Punkte, Geraden, Winkel, Strecken

1. Punkte und Geraden

Die Grundbausteine in der ebenen Geometrie sind die Punkte und die Geraden. In allen nachfolgenden Gebilden und Figuren kannst du diese Elemente wiederentdecken.

	Figur	Bezeichnung	Darstellung
Punkte	Punkt	A, B, C ... (große lateinische Buchstaben)	
Geraden	Gerade	a, b, c ... (kleine lateinische Buchstaben) oder AB, CD, PQ ...	

Definition: Punkte und Geraden

Eine Gerade enthält unendlich viele Punkte.

Der Punkt und die Gerade sind Elemente der Ebene. Punkte entstehen durch den Schnitt zweier Geraden in dieser Ebene.
Eine Gerade enthält unendlich viele Punkte.

Lagebeziehungen

Lagebeziehungen von Punkten und Geraden

Der Punkt P **liegt auf** der Geraden g.
Die Gerade g **geht durch** den Punkt P.
Der Punkt Q **liegt nicht auf** der Geraden g.
Die Gerade g **geht nicht durch** den Punkt Q.

Punkte und Geraden
GRUNDLAGEN

Satz: Punkte und Geraden

Durch zwei verschiedene Punkte A und B geht genau eine Gerade.

Verbindungsgerade
Die Gerade AB geht sowohl durch A als auch durch B.

Verbindungsgerade

Schnittpunkt
Der Punkt A liegt sowohl auf a als auch auf b.

Schnittpunkt

Gegenseitige Lage zweier Geraden einer Ebene

a und b sind verschieden und haben genau **einen** Punkt, den Schnittpunkt, gemeinsam.

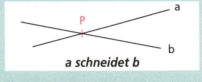

a schneidet b

Zwei Geraden, zwei Möglichkeiten

a und b sind verschieden und haben **keinen** Punkt gemeinsam **oder** a und b fallen **zusammen**.

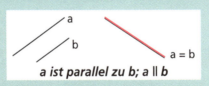

a ist parallel zu b; a ∥ b

Geradenbüschel
Die Menge aller Geraden der Ebene, die nur den Punkt P gemeinsam haben, nennt man ein Geradenbüschel.

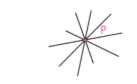

Geradenbüschel und Parallelenschar

Parallelenschar
Die Menge aller Geraden der Ebene, die parallel zueinander liegen, bilden eine Parallelenschar.

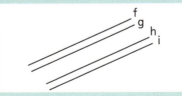

■ Übung 1: Den Bleistift gespitzt ■

Bevor du beginnst: Ist dein Bleistift auch gespitzt?

Löse die drei folgenden Teilaufgaben, indem du die geforderten Angaben in dein Heft zeichnest und die Teilfragen richtig beantwortest. Setze anschließend die Lösungsbuchstaben in der richtigen Reihenfolge zusammen. Du erfährst dann, wie du die Aufgabe gelöst hast.

Na, wie warst du?

1. Zeichne einen Punkt A.
Zeichne eine Gerade g, die durch A verläuft. Kannst du noch andere Geraden zeichnen, die durch A verlaufen?
2. Zeichne eine Gerade i.
Ist es möglich, die drei Punkte A, B, C auf i zu legen?
3. Zeichne zwei Geraden, die einander in P schneiden. Glaubst du, dass es einen weiteren Punkt gibt, der nicht mit P zusammenfällt und sowohl auf der einen als auch auf der anderen Geraden liegt?

	ja	nein
	g	a
	u	r
	g	t

■ Übung 2: Nur für Kartenkundige ■

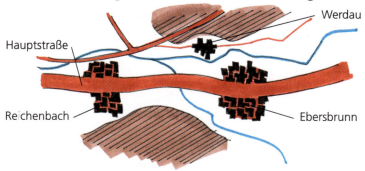

Übertrage dieses Beispiel auch auf deine Heimatstadt!

Der Landkartenausschnitt zeigt dir die gegenseitige Lage dreier Orte und einer Hauptstraße.
Beschreibe die Lage der Orte Reichenbach, Werdau und Ebersbrunn, bezogen auf die Hauptstraße.
Vereinfache die Skizze, indem du die Hauptstraße als Gerade und die Orte als Punkte zeichnest.
Beschreibe nun die Lagebeziehungen der Geraden und der Punkte.
Verwende dabei aber nur dir bekannte fachliche Ausdrücke (Seite 10).

Punkte und Geraden
ÜBUNGEN

■ Übung 3: Zeichenpuzzle ■

MacCool glaubt, dass du schon schwierigere Aufgaben lösen kannst. Deshalb hat er in seiner Schatztruhe für Mathe-Meister geschnüffelt und folgende drei schwere Nüsse für dich ausgegraben:

Übung macht den Mathe-Meister!

1. Zeichne eine Gerade m und die Punkte A, B, C, D, E so, dass die folgenden Bedingungen erfüllt sind:

	A	B	C	D	E
Geht m durch …?	ja	ja	ja	nein	ja

2. Lege zwei Punkte A und B fest. Zeichne die Gerade h, die durch A und B gehen soll.
   a) Zeichne eine Gerade s, die h schneidet.
      Kann h = s sein?
   b) Zeichne eine Gerade k, die nur durch B geht.
      Kann k = h sein?

3. Zeichne zwei Punkte A und B.
   a) Zeichne eine Gerade w, die weder durch A noch durch B geht.
   b) Zeichne eine Gerade t, die durch B geht.
      Kann w = t sein?

Hast du die drei schweren Nüsse knacken können?
Ob du alles richtig gezeichnet hast, erfährst du im Lösungsteil dieses Buches.

Lösungen auf Seite 138

2. Winkel

Ein Winkel setzt sich aus zwei Strahlen zusammen. Du musst also erst einmal wissen: Was ist ein Strahl?

Definition: Strahl

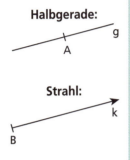

Halbgerade:

Strahl:

Jeder Punkt A einer Geraden g zerlegt diese Gerade in zwei Halbgeraden. Ein Strahl ist eine gerichtete Halbgerade.

Figur	Bezeichnung	Darstellung
Strahl	Strahl AB (A ist Anfangspunkt) oder Strahl h	

Den Punkt A eines Strahles AB nennt man seinen Anfangspunkt. Er liegt vor allen anderen Punkten des Strahls. Somit legt jeder Strahl einen Richtungssinn fest. Ein Strahl enthält unendlich viele Punkte.

Definition: Winkel

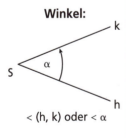

Winkel:

< (h, k) oder < α

Zwei Strahlen h und k, die von demselben Punkt S ausgehen, können durch eine Drehung ineinander überführt werden. Durch die Drehung wird der Winkel (h, k), in Zeichen ∢ (h, k), bestimmt.

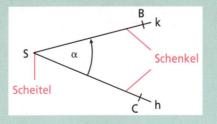

Bezeichnung:
∢ ... Winkel
∢ (h, k); ∢ CSB; ∢ α

Winkel
GRUNDLAGEN

Einteilung der Winkel

Winkel	Beispiel	Zeichnung
Nullwinkel $\alpha = 0°$	$\alpha = 0°$	
spitzer Winkel $0° < \alpha < 90°$	$\alpha = 30°$	
rechter Winkel $\alpha = 90°$	$\alpha = 90°$	
stumpfer Winkel $90° < \alpha < 180°$	$\alpha = 160°$	
gestreckter Winkel $\alpha = 180°$	$\alpha = 180°$	
überstumpfer Winkel $180° < \alpha < 360°$	$\alpha = 260°$	
Vollwinkel $\alpha = 360°$	$\alpha = 360°$	

Als Orientierung der Ebene, in der die Strahlen h und k liegen, gilt der Drehsinn dieser Bewegung ...

... als positiver Drehsinn wird in der Mathematik der entgegengesetzte Uhrzeigersinn bezeichnet.

Summe von Winkeln: Die Maßzahl der Summe zweier Winkel ergibt sich aus der Addition der Maßzahlen der beiden Winkel.

Definition: Senkrechte

Zwei Geraden heißen senkrecht zueinander, wenn sie sich unter einem rechten Winkel schneiden. Für senkrecht sagt man auch orthogonal oder rechtwinklig.

a steht senkrecht auf b
Zeichen: a ⊥ b

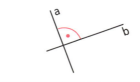

Senkrechte
a ⊥ b

▪ Übung 1: Das Zeichnen des Strahles ▪

Im Folgenden hat MacCool dir einige Aufgaben gestellt. Du musst aber genau lesen, was zu zeichnen ist.

Punkt – Gerade – Anfangspunkt ... kannst du Ordnung in diesen Wirrwarr bringen?

1. Zeichne eine Gerade g. Markiere auf g einen Punkt M. Zeichne von M aus einen Teil der Geraden mit einem Farbstift nach.
2. Lege einen Punkt S fest. Zeichne je zwei Strahlen m und n mit dem Anfangspunkt S, die
   a) auf ein und derselben Geraden liegen,
   b) auf verschiedenen Geraden liegen.
3. Zeichne einen Strahl p mit dem Anfangspunkt A.
Markiere auf p einen Punkt B.
Zeichne einen Punkt C, der nicht auf p liegt.
Zeichne von C aus einen Strahl g, der zu p parallel verläuft.
4. Lege einen Punkt S fest.
Zeichne von diesem Anfangspunkt einen Strahl r, der nach rechts gerichtet sein soll. Gehe dabei von deinem Zeichenblatt aus. Zeichne dann von dem gleichen Anfangspunkt aus einen Strahl t, der nun aber nach links gerichtet ist. Zeichne mindestens sechs weitere Strahlen in diese Zeichnung ein, die alle den gleichen Anfangspunkt S haben sollen.

▪ Übung 2: Das Tauziehen ▪

Hier brauchst du nicht nur Muskelkraft, um bei diesem Wettbewerb zu gewinnen.

Das Bild zeigt dir zwei fröhliche Mannschaften beim Tauziehen.
Denke dir das Seil als Gerade und die Kinder als Punkte.
Zeichne zuerst die vereinfachte Skizze in dein Heft. Lege dann links den Strahl l und rechts den Strahl k fest.
Nenne außerdem Punkte, die zu Strahl l bzw. zu Strahl k gehören.
Könnten noch weitere Kinder an jedem Seilende zu finden sein?
Begründe diesen Sachverhalt geometrisch!

Winkel
ÜBUNGEN

▪ Übung 3: Der verflixte Winkel ▪

Füge die fehlenden Winkelangaben in den folgenden Skizzen richtig ein. Pass genau auf, denn irgendwo hat MacCool bereits einen Fehler hineingeschmuggelt. Findest du ihn?

Lass dich nicht auf den Leim führen!

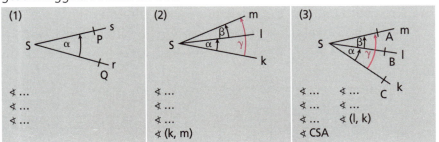

Ob du die Übung lösen konntest, verrät dir der Lösungsteil auf Seite 139.

▪ Übung 4: Winkel-Rechenpuzzle ▪

Du siehst nun verschiedene Skizzen von Winkeln, die du ohne ein Messhilfsmittel genau bestimmen sollst. Benenne außerdem die jeweilige Winkelart.

Winkel ohne Ende

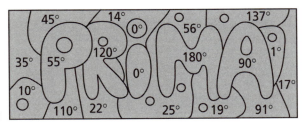

Hierbei hilft dir dein Wissen aus den vorausgegangenen Seiten.

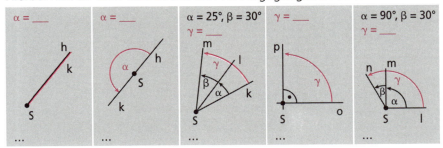

Hast du deine Ergebnisse ermittelt?
Dann male die entsprechenden Flächen in dem darüberliegenden Puzzle farbig aus und du erfährst, wie gut du die Übung gelöst hast.

Winkelmessung

Bei der Winkelmessung kannst du jedem Winkel eine positive reelle Zahl zuordnen.

Hier kommt dein Winkelmesser zum Einsatz.

Als Messhilfsgerät verwendest du den Winkelmesser.
Ein Kreis wird dabei in 360 gleiche Teile geteilt und mit diesen Teilen wird der Winkel dann ausgemessen (siehe Abbildung 1 und 2). Ein solcher Teil eines Winkels heißt Grad; statt 52 Grad schreibt man 52°.

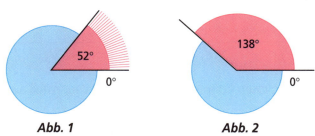

Abb. 1 Abb. 2

Definition: Winkel an zwei sich schneidenden Geraden

Nebenwinkel:
$\alpha + \delta = 180°$
Scheitelwinkel:
$\alpha = \gamma$

Wenn sich zwei Geraden einer Ebene schneiden, entstehen vier Winkel. Man unterscheidet **Nebenwinkel** und **Scheitelwinkel**. Zwei einander gegenüberliegende Winkel heißen Scheitelwinkel, zwei benachbarte Winkel nennt man Nebenwinkel. Nebenwinkel ergänzen sich zu 180°; Scheitelwinkel sind gleich groß.

Nebenwinkelpaare
$\alpha + \delta = 180°; \beta + \gamma = 180°$
$\alpha + \beta = 180°; \gamma + \delta = 180°$

Scheitelwinkelpaare
$\alpha = \gamma$
$\beta = \delta$

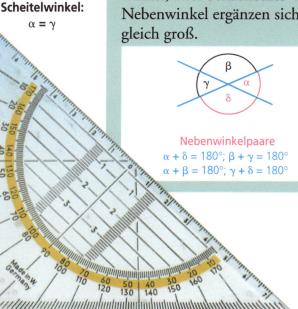

Winkel
GRUNDLAGEN

Definition: Winkelpaare an geschnittenen Parallelen

Werden zwei Parallelen g und h von einer Geraden a geschnitten, entstehen acht Winkel: vier innere Winkel (Abb. 1: α', β', γ, δ) und vier äußere Winkel (Abb. 1: α, β, γ', δ'). Einen inneren und einen äußeren Schnittwinkel auf derselben Seite von a nennt man **Stufenwinkel**; zwei innere oder zwei äußere, auf verschiedenen Seiten von a liegende Winkel sind **Wechselwinkel**.

Stufenwinkel und Wechselwinkel

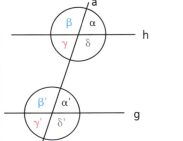
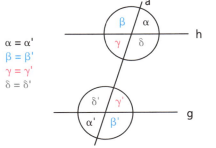

Abb. 1: Stufenwinkelpaare   Abb. 2: Wechselwinkelpaare

Stufenwinkel und Wechselwinkel sind an geschnittenen Parallelen gleich groß.

Winkelkonstruktionen

1. Winkel von 90°, 60°, 45° und 30° lassen sich mithilfe von Zeichendreiecken unmittelbar zeichnen. Andere spezielle Winkel ergeben sich durch Zusammensetzen zweier Zeichendreiecke oder durch Halbieren der Winkel der Zeichendreiecke.
2. So konstruiert man einen Winkel mit Hilfe des Winkelmessers.

Konstruktion von Winkeln

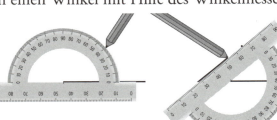
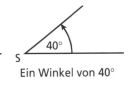

Ein Winkel von 40°

▪ Übung 1: Winkelmessung nach Maß ▪

Winkelmessung Miss die folgenden Winkel genau im Gradmaß aus.

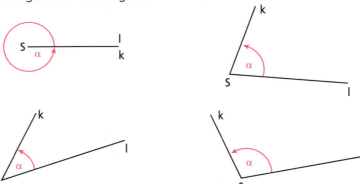

Kannst du deine Ergebnisse in den Fischblasen wiederfinden?
Eine Blase ist übrigens zu viel! Welche ist es?

▪ Übung 2: Scheitel und Stufen ▪

Scheitelwinkel und Stufenwinkel Bestimme die fehlenden Winkel. Benutze hierzu dein bisheriges Wissen über diese Winkel (von Seite 18 an).

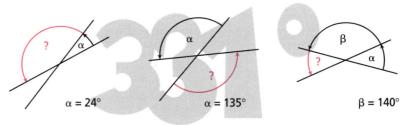

Addierst du die gefundenen Winkel, erhältst du als Summe 331°.

Winkel
ÜBUNGEN

▪ Übung 3: Winkelpaare ▪

Berechne die fehlenden Winkel.

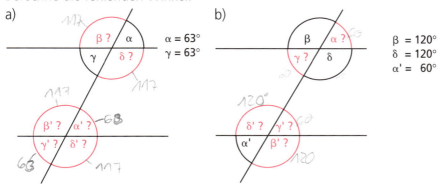

a) $\alpha = 63°$, $\gamma = 63°$

b) $\beta = 120°$, $\delta = 120°$, $\alpha' = 60°$

Wenn du alle fehlenden Winkel ermittelt hast, male die entsprechenden Flächen im Puzzle farbig aus und du erhältst ein Handzeichen, das deine Arbeit beurteilt.

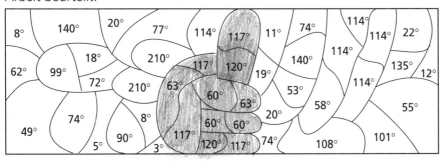

▪ Übung 4: Der Winkel-Zeichenwettbewerb ▪

MacCool will mit dir seine „Zeichenkräfte" messen.
Kannst du ihn besiegen? Versuche es!
Zeichne dazu die folgenden Winkel in dein Heft. Entscheide selbst, wie du dabei vorgehst.

(1) $\alpha = 45°$ (5) $\alpha = 120°$ (9) $\alpha = 250°$
(2) $\beta = 25°$ (6) $\beta = 360°$ (10) $\beta = 50°$
(3) $\gamma = 90°$ (7) $\gamma = 63°$ (11) $\gamma = 180°$
(4) $\delta = 32°$ (8) $\delta = 24°$ (12) $\delta = 12°$

Zeichengeräte:

3. Strecken

Definition: Strecke

Strecke

Zwei verschiedene Punkte A und B sowie alle Punkte, die auf der Geraden AB zwischen A und B liegen, bilden die Strecke $\overline{AB}$. Die Punkte A und B einer Strecke $\overline{AB}$ heißen Endpunkte der Strecke.

Figur	Bezeichnung	Darstellung
Strecke	$\overline{AB}$ oder $\overline{BA}$	

Die Länge von Strecken kannst du messen.
Die Schreibweise $\overline{AB}$ wird sowohl für die Strecke als auch für die Länge der Strecke benutzt.

Vergleich zweier Strecken

Für je zwei Strecken $\overline{AB}$ und $\overline{CD}$ gilt entweder:
$\overline{AB} < \overline{CD}$ oder $\overline{AB} = \overline{CD}$ oder $\overline{AB} > \overline{CD}$.
Zwei Strecken kannst du vergleichen, indem du eine von beiden auf der anderen abträgst.

Definition: Streckenzug

Streckenzug

Unter einem Streckenzug $\overline{ABCDE}$ versteht man den Zusammenschluss der Verbindungsstrecken $\overline{AB}$; $\overline{BC}$; $\overline{CD}$; $\overline{DE}$ in der angegebenen Reihenfolge: $\overline{ABCDE}$.
Ist der Anfangspunkt des Streckenzuges mit dem Endpunkt identisch, spricht man von einem geschlossenen Streckenzug $\overline{ABCDE}$.

Strecken
GRUNDLAGEN

Streckenmessung

Miss die Strecke $\overline{AB}$ mit einem Lineal nach; $\overline{AB}$ = 4,6 cm.

Streckenmessung

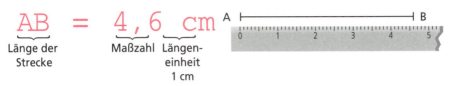

Zur Bezeichnung von Strecken benutzt man auch kleine lateinische Buchstaben (a, b, c …).

a = 4,6 cm

Einheiten der Länge

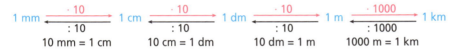

Millimeter (mm);
1000stel …

Zentimeter (cm);
100stel …

Dezimeter (dm);
10tel …

Meter (m);

Kilometer (km);
1000faches …

… von m

Summe zweier Strecken

a = 4 cm; b = 8 cm; a + b = 12 cm

Konstruktion einer Strecke $\overline{AB}$ = 4 cm

1. Zeichne eine Gerade.

2. Lege auf dieser Geraden den Anfangspunkt A fest.

3. Nimm 4 cm in die Zirkelspanne. Zeichne um A einen Kreisbogen, der die Gerade schneidet. Bezeichne diesen Punkt mit B.

MAL SEHEN, OB ICH DEN KREISBOGEN HINKRIEGE.

Übung 1: Streckenvergleiche

Streckenvergleich durch Abtragen

Vergleiche die nun folgenden Strecken miteinander, indem du diese aufeinander abträgst. Gilt jeweils „<", „>" oder „="? Kreuze an!
Zur Kontrolle kannst du das Lineal verwenden.

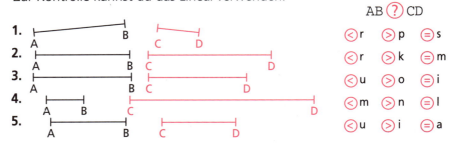

MacCool verrät dir im folgenden Lösungswort, wie du dich jetzt „geometrisch" einordnen kannst. Trage dazu die richtigen Buchstaben ein.

Übung 2: Schätzungen

Schätzen und Messen

Erfülle folgende „Schatzfinderaufgaben".
Ob du richtig liegst, erfährst du im hinteren Lösungsteil.

1. Zeichne je eine Strecke von 4 cm, 3,6 cm, 1 cm, 7,9 cm Länge.
2. Ist einer der abgebildeten Glasränder länger als der andere? Schätze und miss nach.

3. Zeichne eine Gerade g. Lege auf g eine Strecke $\overline{AB}$ fest.
   a) Zeichne einen Punkt R, der zwischen A und B liegt.
   b) Zeichne auf g einen Punkt S, der nicht zwischen A und B liegt.

Strecken
ÜBUNGEN

■ Übung 3: Zahlen mit Maß und Ziel ■

Jetzt kannst du zeigen, ob du Maßzahlen umrechnen kannst.
1. Schreibe in der in Klammern angegebenen Einheit.

   3 m (dm) 30   4 km (m) 4000   8 dm (cm) 80
   280 cm (dm) 28   19 m (cm) 1900   4800 mm (dm)
   63 dm (mm) 63000   22 m (mm) 22000   45 km (cm)

2. Schreibe mit Komma in der in Klammern angegebenen Einheit.
   23 cm 9 mm (cm)   14 mm (cm)   9 m 2 dm (m)
   12 m 12 cm (m)   82 km 4 m (km)   52 cm (m)
   4 m 5 cm (m)   12 m 14 dm (m)   12 m (km)

3. Schreibe ohne Komma in der kleineren Einheit.
   6,48 m   0,5 cm   0,04 km
   0,7 m   12,005 km   6,85 dm
   0,02 dm   5,678 km   0,9 km

Male nun diejenigen Flächen farbig aus, in denen deine ermittelten Ergebnisse stehen. Welchen Platz hast du belegt?

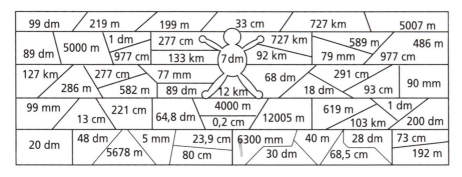

■ Übung 4: Streckenkonstruktionen ■

Konstruiere die folgenden Strecken. Vergleiche deine Ergebnisse mit denen im Lösungsteil.
1. $\overline{AB}$ = 7 cm; 5 cm; 6 cm; 1 cm; 3 cm
2. $\overline{AB}$ = 2,5 cm; 4,3 cm; 5,8 cm; 7,1 cm
3. $\overline{AB}$ = 20,5 mm; 0,5 cm; 3 cm; 5 mm; 45 mm

Abschlusstest I

Die nachstehenden Aufgaben greifen den Lernstoff des gesamten vorausgegangenen Kapitels auf. Beim Lösen der Aufgaben kannst du folglich überprüfen, ob du alles verstanden hast und anwenden kannst.

Zu jeder Aufgabe gibt es eine bestimmte Anzahl von Punkten. Die maximal erreichbare Punktzahl pro Aufgabe erfährst du aus den hervorgehobenen Sätzen. Versuche, so viel Punkte wie möglich zu sammeln. MacCool sagt dir dann am Ende des Tests, wie du dich einschätzen kannst.

Punkte und Geraden

1. Geometrie-Diktat:
   a) Zeichne eine Gerade g.
   b) Zeichne zwei Punkte R und S, die nicht auf g liegen.
   c) Zeichne zwei Punkte E und F, die auf g liegen.
   d) Zeichne eine Gerade h, die durch R geht und g schneidet.
   e) Zeichne eine Gerade u, die durch F geht.

   Für jede Teilaufgabe, die du richtig erfüllt hast, erhältst du 2 Punkte.

Einteilung der Winkel

2. Schreibe mindestens sechs verschiedene Arten von Winkeln auf. Gib dazu ein Beispiel skizzenhaft an.

   Jeweils 2 Punkte erhältst du bei je einem richtigen Winkel und einer richtigen Skizze. Beim Benennen der 7. Winkelart gibt es einen Zusatzpunkt.

Messen mit dem Winkelmesser

3. Miss die folgenden Winkel genau aus.

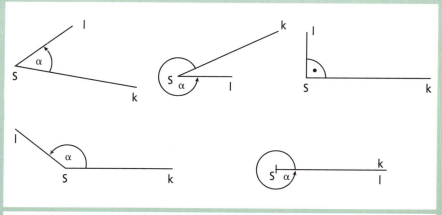

Wenn du die Winkel addierst und 974° als Summe erhältst, gibt es 5 Punkte.

Punkte, Geraden, Winkel, Strecken

ABSCHLUSSTEST I

4. Zeichne drei Geraden so, dass
   a) 0   b) 2   c) 1   d) 3
   Schnittpunkte entstehen.

Schnittpunkte von Geraden

Für jede richtige Zeichnung bekommst du 1 Punkt gutgeschrieben.

5. Bestimme die fehlenden Winkel.

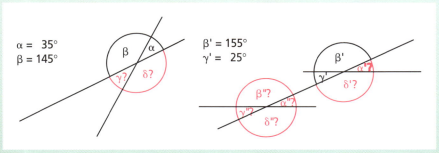

$\alpha = 35°$
$\beta = 145°$
$\beta' = 155°$
$\gamma' = 25°$

Stufenwinkel, Wechselwinkel, Nebenwinkel, Stufenwinkel

Erhältst du die Summe 720°? Dann gibt es 6 Punkte.

6. Ermittle die Umrechnungszahlen und gib die jeweilige mathematische „Operation" an.
Umrechnung von
   a) Metern in Zentimeter,   b) Metern in Kilometer,
   c) Millimetern in Meter,   d) Dezimetern in Millimeter.

Längen: Einheiten und Umrechnungen

Pro Umrechnungszahl und Operation erhältst du insgesamt 1 Punkt.

7. Rechne in die nächstkleinere Einheit um.
4 km, 80 cm, 25 m, 6 km, 1,4 m
Für jede richtige Umrechnung gibt es 1 Punkt.

8. Rechne in die nächstgrößere Einheit um.
5500 m, 700 cm, 32000 m, 45 cm, 200 m
Für jede richtige Umrechnung gibt es 1 Punkt.

9. Eine Brikettfabrik hat drei Schornsteine. Der erste ist 20 m hoch, der zweite um 32 cm höher und der dritte noch einmal um 40 cm höher. Wie hoch ist jeder der Schornsteine?
Für die richtige Antwort erhältst du 3 Punkte.

Auswertung des Tests

55 – 47 Punkte: Sehr gut! Du kannst problemlos zum nächsten Kapitel gehen.
46 – 36 Punkte: Gut! Manchmal musst du aber noch genauer arbeiten.
35 – 0 Punkte: Schau dir das Kapitel erneut an. Lass dich dann noch einmal prüfen.

Mal sehen, wo du stehst!

GLEICH UND GLEICH GESELLT SICH GERN
Symmetrie

Symmetrie

Definition: Symmetrie

Figuren heißen symmetrisch, wenn es eine Bewegung gibt, bei der die Figur auf sich selbst abgebildet wird. Dabei ist die Identität ausgeschlossen.

1. Punktsymmetrie – Drehsymmetrie

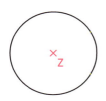

Definition: Punktsymmetrie

Eine ebene Figur heißt punktsymmetrisch (zentrisch symmetrisch), wenn sie bei **Spiegelung an einem Punkt** (Drehung um 180°) auf sich abgebildet wird.
Der Punkt, an dem gespiegelt wird, heißt Symmetriezentrum.

Definition: Drehsymmetrie

Eine Figur heißt punktsymmetrisch (rotationssymmetrisch), wenn sie bei **Drehung um einen Punkt** auf sich abgebildet wird (Sonderfall der Drehsymmetrie: die Punktsymmetrie).

2. Axialsymmetrie

Definition: Axialsymmetrie

Eine ebene Figur heißt achsensymmetrisch oder spiegelsymmetrisch, wenn sie bei **Spiegelung an einer Geraden** auf sich abgebildet wird (Spiegelachse = Symmetrieachse der Figur).

Symmetrie
GRUNDLAGEN

Konstruktionen einfacher Punkt- und Axialsymmetrie

1. Punktsymmetrie

(1) Lege zu deiner ebenen Figur ein Symmetriezentrum Z fest.

(2) Verbinde jeden Eckpunkt der Figur mit dem Symmetriezentrum.

(3) Trage jede Strecke $\overline{AZ}$, $\overline{CZ}$, $\overline{BZ}$ hinter dem Symmetriezentrum ab. Bezeichne deine neuen Punkte mit A', B', C'.

Konstruktionen einfacher Punktsymmetrie

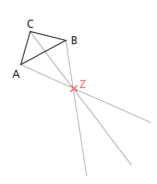
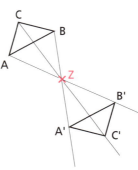

2. Axialsymmetrie

(1) Lege zu deiner ebenen Figur eine Symmetrieachse a fest.

(2) Verbinde jeden Eckpunkt der Figur senkrecht mit der Symmetrieachse.

(3) Trage jede Strecke vom Eckpunkt der Figur zur Symmetrieachse jenseits der Symmetrieachse ab.

Konstruktionen einfacher Axialsymmetrie

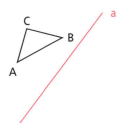
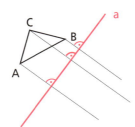
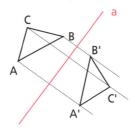

■ Übung 1: Symmetrische Figuren ■

Auf dieser Seite siehst du einige symmetrische Figuren.

Symmetrieachse Zeichne jeweils die Symmetrieachse ein.

Symmetrie-zentrum Zeichne jeweils das Symmetriezentrum ein.

 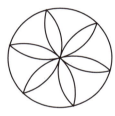  

Symmetrieachse Du siehst hier einige Klecksfiguren.
Zeichne jeweils die Symmetrieachse ein.

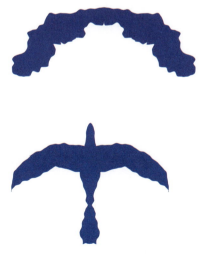 

Übung 2: Punktsymmetrisches Spiegeln

MacCool hat dir einige Figuren ausgesucht und aufgezeichnet. Diese Figuren sollst du jetzt punktsymmetrisch spiegeln. Viel Spaß! Übertrage die Figuren skizzenhaft in dein Heft.

Punktsymmetrische Spiegelung

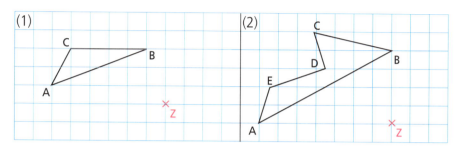

Übung 3: Axialsymmetrisches Spiegeln

Und weil es so schön war, gleich noch einmal.
Nun sollst du die Figuren jedoch axialsymmetrisch spiegeln.

Axialsymmetrische Spiegelung

Denke an den rechten Winkel an der Symmetrieachse!

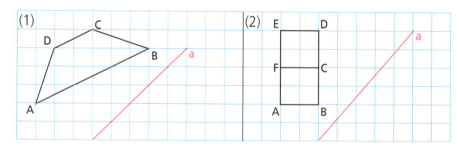

Willst du wissen, ob du richtig gezeichnet hast?
Im Lösungsteil wird es dir verraten.

EINFACHE ZEICHENSPRACHE
Grundkonstruktionen

Geometrische Grundkonstruktionen

Geometrische Grundkonstruktionen werden mit Lineal und Zirkel ausgeführt:

1. Abtragen einer Strecke auf einem Strahl
2. Antragen eines Winkels an einen Strahl
3. Halbieren einer Strecke
4. Errichten einer Senkrechten auf einer Geraden in einem Geradenpunkt
5. Fällen eines Lotes auf eine Gerade durch einen Punkt außerhalb der Geraden
6. Halbieren eines Winkels
7. Konstruktion einer Parallelen zu einer Geraden

Allen hier genannten Beispielen liegt eine axiale Symmetrie zugrunde.

1. Abtragen einer Strecke auf einem Strahl

Abtragen einer Strecke auf einem Strahl

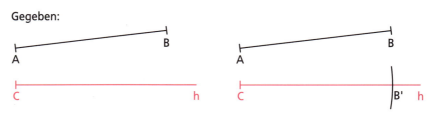

Du nimmst die gegebene Strecke $\overline{AB}$ in die Zirkelspanne und zeichnest um C einen kleinen Kreisbogen, der den Strahl h schneiden soll. Den Schnittpunkt mit dem Strahl h bezeichnest du mit B'. $\overline{CB'}$ ist die auf dem Strahl h abgetragene Strecke $\overline{AB}$.
Die Konstruktion ist eindeutig.

Grundkonstruktionen
GRUNDLAGEN

2. Antragen eines Winkels an einen Strahl

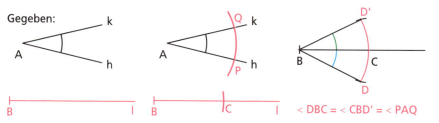

Antragen eines Winkels an einen Strahl

∢ DBC = ∢ CBD' = ∢ PAQ

Zeichne um A einen Kreisbogen mit beliebigem Radius und bezeichne seine Schnittpunkte mit den Strahlen des Winkels (h, k) mit P bzw. Q.
Mit demselben Radius zeichnest du einen Kreisbogen um B und bezeichnest seinen Schnittpunkt mit dem Strahl l mit C.
Zeichne um C einen Kreisbogen mit dem Radius $\overline{PQ}$ und bezeichne seine Schnittpunkte mit dem Kreisbogen um B mit D bzw. D'. Dann zeichne die Strahlen BD und BD'.

Sowohl der Winkel DBC als auch der Winkel CBD' erfüllen die gestellte Aufgabe.

... Kreisbogen einer CD

3. Halbieren einer Strecke

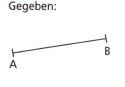
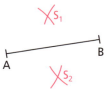
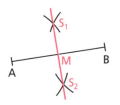

Halbieren einer Strecke

Um die Endpunkte A und B der Strecke werden mit gleich großem Radius, dessen Länge aber größer als die halbe Länge der Strecke $\overline{AB}$ sein muss ($r > \frac{1}{2} \cdot \overline{AB}$), Kreisbogen gezeichnet. Diese Kreisbogen schneiden einander in zwei Punkten S_1 und S_2.
Jetzt musst du nur noch die Schnittpunkte der Kreisbogen durch eine Gerade verbinden. Diese Gerade schneidet die Strecke $\overline{AB}$ im Punkt M und steht senkrecht auf ihr; sie ist ihre Mittelsenkrechte.

Übung: Früh übt sich ...

Abtragen einer Strecke

1. Bist du startklar? Dann kann es ja losgehen, und zwar mit dem Abtragen einer Strecke
   a) auf einem Strahl:

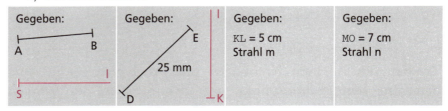

   b) auf einer Strecke:

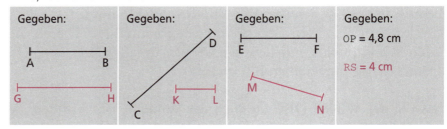

Vergleiche nach dem Abtragen die Strecken aus Teil b.
Setze ein: „<"; „>"; „=".

| $\overline{AB}$ ___ $\overline{GH}$ | $\overline{CD}$ ___ $\overline{KL}$ | $\overline{EF}$ ___ $\overline{MN}$ | $\overline{OP}$ ___ $\overline{RS}$ |

Schau dir hierzu auch nochmals die Seite 22 an („Vergleich zweier Strecken").

Antragen eines Winkels ...

2. Nach dem Abtragen nun zum Antragen.
Bei dieser Aufgabe geht es wieder einmal um Winkel, genauer: um das Antragen eines Winkels an einen Strahl

... ohne Winkelmesser

   a) ohne Winkelmesser:

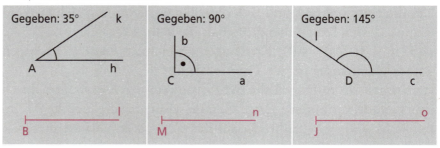

Grundkonstruktionen
ÜBUNGEN

b) mit Winkelmesser:

... mit Winkelmesser

Gegeben:	Gegeben:	Gegeben:	Gegeben:
< (h, k) = 45°	< (a, b) = 105°	< (c, e) = 180°	< (f, g) = 18°
Strahl l	Strahl n	Strahl o	Strahl n

3. Zwei Konstruktionsaufgaben hast du schon bewältigt, da dürfte die dritte kein Problem mehr sein.
Noch einmal kräftig die Hand ausgeschüttelt und los gehts!
Die dritte Konstruktion ist das Halbieren einer Strecke:

Halbieren einer Strecke

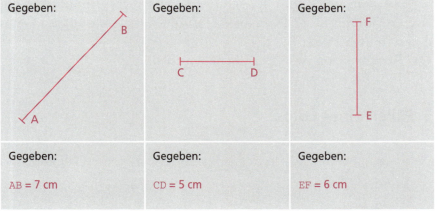

Gegeben:	Gegeben:	Gegeben:
AB = 7 cm	CD = 5 cm	EF = 6 cm

Willst du wissen, ob du richtig konstruiert hast? Dann schau doch einfach im Lösungsteil auf Seite 142 nach.
Wenn du richtig gezeichnet hast, kann es ja weitergehen mit dem Konstruieren. Blättere schnell um auf die nächste Seite.

HERZLICHEN GLÜCKWUNSCH, DU KONSTRUKTIONSMEISTER!

4. Errichten einer Senkrechten

Errichten einer Senkrechten auf einer Geraden in einem Geradenpunkt

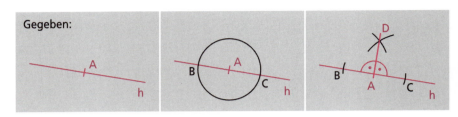

Zeichne einen Kreis um A und bezeichne seine Schnittpunkte mit der Geraden h mit B bzw. C.
Zeichne um C und B jeweils einen Kreisbogen, der größer als $\overline{BA}$ bzw. $\overline{AC}$ sein muss, und bezeichne einen der Schnittpunkte beider Kreisbogen mit D. Die Gerade AD ist die Senkrechte auf der Geraden h in dem Punkt A.
Die Konstruktion ist in der Ebene eindeutig.

5. Fällen eines Lotes

Fällen eines Lotes auf eine Gerade durch einen Punkt außerhalb der Geraden

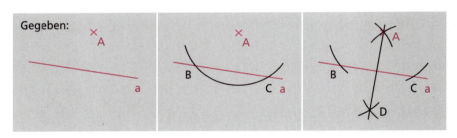

Zeichne einen Kreisbogen um A mit einem Radius, der größer als der Abstand des Punktes A von der Geraden a sein muss. Bezeichne die Schnittpunkte mit B bzw. C.
Zeichne um B und C zwei Kreise mit dem gleichen Radius, $\overline{AB}$ oder $\overline{AC}$, die sich in A und D schneiden. Die gesuchte Gerade ist die Verbindungsgerade von A und D: das Lot.

Grundkonstruktionen
GRUNDLAGEN

6. Halbieren eines Winkels

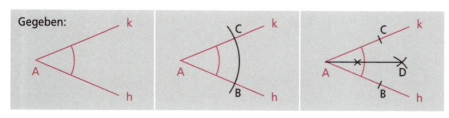

Halbieren eines Winkels

Zeichne einen Kreisbogen mit einem beliebig gewählten Radius um A und bezeichne die Schnittpunkte mit den Schenkeln des Winkels mit B bzw. C.

Zeichne um B und C jeweils einen Kreisbogen mit demselben Radius, der größer als $\frac{1}{2} \cdot \overline{BC}$ sein muss. Du erhältst dabei zwei Schnittpunkte. Denjenigen Schnittpunkt, der weiter von A entfernt ist, bezeichnest du mit D. Zeichne nun den Strahl AD, der zugleich Winkelhalbierende des Winkels (h, k) ist.

Die Konstruktion ist eindeutig.

7. Konstruktion einer Parallelen zu einer Geraden

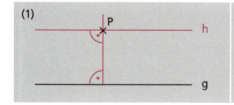 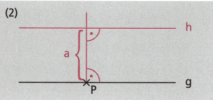

Parallele zu einer Geraden ...

(1) **Zeichne eine Parallele zu einer Geraden g durch einen Punkt P:** Fälle dazu das Lot (vgl. 5.) von P auf g und errichte wiederum die Senkrechte h auf eine Seite in P (vgl. 4.).

... durch einen Punkt

(2) **Zeichne eine Parallele zu einer Geraden g in gegebenem Abstand:** Errichte in einem beliebigen Punkt P von g die Senkrechte (vgl. 4.). Trage auf diesem Strahl von P aus eine Strecke der Länge a ab und errichte in deren Endpunkt wiederum die Senkrechte h.

... in gegebenem Abstand

Es gilt stets: Wenn eine Gerade g und ein Punkt P gegeben sind, gibt es durch diesen Punkt P eine und nur eine Gerade, die zu g parallel ist.

■ Übung macht den Konstruktionsmeister ■

Errichten einer Senkrechten in einem Geradenpunkt

1. Ist dein Bleistift gespitzt? Dann wollen wir weiter zeichnen. Errichten wir zunächst eine Senkrechte auf einer Geraden in einem Geradenpunkt.

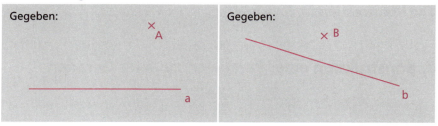

Fällen des Lotes

2. Kannst du dir schon denken, welche Konstruktion jetzt im Mittelpunkt steht? Sicherlich kannst du es.
Denn wenn die Senkrechte bzw. das Lot errichtet worden ist, muss es auch wieder gefällt werden.

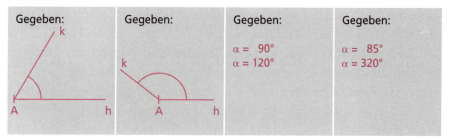

Halbieren eines Winkels

3. Du hast schon gelernt, Winkel zu messen und zu addieren. Auch dürfte es dir nicht schwer fallen, von einem 90° großen Winkel die Hälfte dieses Winkels zu bestimmen.
Aber schaffst du diese Halbierung auch zeichnerisch und bei anderen Winkeln?

Gegeben:	Gegeben:	Gegeben:	Gegeben:
(Winkel mit k, A, h)	(Winkel mit k, A, h)	$\alpha = 90°$ $\alpha = 120°$	$\alpha = 85°$ $\alpha = 320°$

Grundkonstruktionen
ÜBUNGEN

4. Schreiten wir zum Üben der letzten hier behandelten Grundkonstruktion. Es bleibt übrig: die Konstruktion einer Parallelen.
Auch hier müssen wieder zwei Konstruktionsarten unterschieden werden:

a) Zeichnen einer Parallelen zu einer Geraden durch einen Punkt:

Konstruktion einer Parallelen zu einer Geraden durch einen Punkt

b) Zeichnen einer Parallelen zu einer Geraden in gegebenem Abstand:

... in gegebenem Abstand

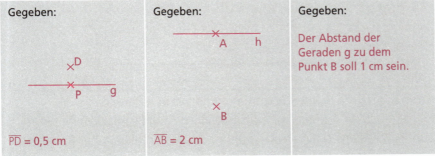

Leider kann dir MacCool nicht schon auf dieser Seite verraten, ob du richtig gezeichnet hast. Schau deshalb im Lösungsteil auf Seite 143 nach. Alles richtig? Dann auf zum großen Konstruktionsmeister-Abschlusstest!

Abschlusstest II

Die hier ausgewählten Konstruktionsaufgaben sollen dich zu dem vorausgegangenen Kapitel noch einmal kreuz und quer befragen. Dabei sollst du selbst erkennen, ob du alles richtig verstanden hast und die Konstruktionen sicher ausführen kannst. Denn sie sind die Bausteine für die folgenden Kapitel. Auf gehts, das große Punktesammeln kann beginnen!

Parallelität

1. Zeichne eine Gerade h, die parallel zu der Geraden g verläuft und durch den Punkt A geht.
Zeichne durch den Punkt B eine Gerade b, die senkrecht auf der Geraden g steht. Zeichne durch C eine Parallele zu b.

Für die gesamte richtige Zeichnung erhältst du 5 Punkte.

Parallelität

2. Lege Punkte A und B fest. Zeichne einen Strahl s mit dem Anfangspunkt A. Zeichne dann einen Strahl t mit dem Anfangspunkt B, der zu s parallel verläuft.

Richtig gezeichnet? Dann bekommst du 2 Punkte.

Senkrechte

3. Lege eine Strecke $\overline{AB}$ fest. Zeichne durch A bzw. B Geraden h und l, die senkrecht auf $\overline{AB}$ stehen. Wie liegen h und l zueinander?

Für jede gelöste Teilaufgabe erhältst du 1 Punkt, maximal 3 Punkte.

Parallelität

4. Zeichne drei Punkte A, B und C, die nicht auf ein und derselben Geraden liegen. Zeichne außerhalb dieser Punkte eine beliebige Strecke $\overline{LM}$. Zeichne von A, B und C aus Strahlen, die parallel zueinander liegen. Trage $\overline{LM}$ auf diesen Strahlen von ihrem Anfangspunkt aus ab.

Wenn du $\overline{LM}$ in deiner Zeichnung richtig abtragen konntest, gibt es 4 Punkte.

Verdoppeln einer Strecke

5. Zeichne zwei Strecken $\overline{AB}$ und $\overline{CD}$, wobei gilt: $\overline{CD} > \overline{AB}$. Trage $\overline{CD}$ an $\overline{AB}$ an.
Zeichne eine Strecke $\overline{AD'}$, die doppelt so lang ist wie $\overline{AB}$ und $\overline{CD}$ zusammen.

Wenn du die doppelte Strecke gefunden hast, gehören 3 Punkte dir.

Grundkonstruktionen
ABSCHLUSSTEST II

6. Thema dieser Aufgabe ist das Halbieren eines Winkels. — **Halbieren eines Winkels**
   a) Zeichne einen Winkel von 50° mit dem Scheitelpunkt S und den Schenkeln h und k. Halbiere diesen Winkel.
   b) Lege dir jetzt einen Strahl m fest.
Trage die Winkel von 100°, 140°, 20° an diesen Strahl an.
Halbiere dann die jeweils angetragenen Winkel.
Für jeden gezeichneten Winkel und dessen Halbierung erhältst du 2 Punkte. Insgesamt kannst du 8 Punkte erreichen.

7. Zeichne zwei Strecken $\overline{AB}$ und $\overline{CD}$ ($\overline{AB}$ = 4 cm; $\overline{CD}$ = 3,5 cm). — **Antragen einer Strecke an eine Strecke**
Trage $\overline{CD}$ in B an $\overline{AB}$ an.
Trage $\overline{AB}$ in C an $\overline{CD}$ an.
Trage $\overline{CD}$ in A an $\overline{AB}$ an.
Trage $\overline{AB}$ in D an $\overline{CD}$ an.
Miss jeweils die Gesamtlänge aller Strecken und addiere sie.
Erhältst du 30,5 cm? Dann bekommst du 4 Punkte.

8. Zeichne eine Gerade m. — **Antragen von Winkeln**
Lege auf ihr eine Strecke $\overline{SB}$ fest.
Trage an diese Strecke den Winkel von 60° an.
Bezeichne den neuen Schenkel mit o.
Trage schließlich an den Schenkel o einen Winkel von 90° an.
Bezeichne diesen neuen Schenkel mit g.
Kannst du den Gesamtwinkel mit 150° ausmessen?
Für jede richtige Teilaufgabe gibt es 1 Punkt, maximal 6 Punkte.

9. Zeichne eine Strecke $\overline{AB}$ = 5,5 cm. — **Senkrechte und Parallele**
Errichte das Lot in der Mitte dieser Strecke.
Trage auf der Mittelsenkrechten eine Länge von 3 cm ab.
Bezeichne den neuen Punkt mit P.
Zeichne zuletzt durch P eine Parallele zu der Strecke $\overline{AB}$.
5 Punkte für alle richtig gezeichneten Teilaufgaben sind hier zu vergeben.

Auswertung des Tests

40 – 36 Punkte: Sehr gut! Auf zum nächsten Kapitel!
35 – 30 Punkte: Gut!
29 – 0 Punkte: Schau dir das Kapitel noch einmal an.

BITTE NICHT IM DREIECK SPRINGEN
Dreiecke

1. Einteilung der Dreiecke

Definition: Dreieck

Was ist ein Dreieck?

3 Punkte
3 Geraden
3 Verbindungen
= 3-Eck

Durch drei verschiedene Punkte, die nicht auf einer Geraden liegen, lassen sich drei Geraden legen, die je zwei Punkte miteinander verbinden.
Die so gebildete Figur heißt **Dreieck**.

Elemente des Dreiecks

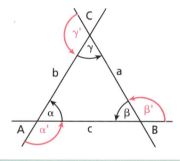

Bezeichnungen:
A, B, C … Eckpunkte
a, b, c … Seiten
α, β, γ … Innenwinkel
α', β', γ' … Außenwinkel

Zur Fläche eines Dreiecks gehören alle Punkte, die auf dem Dreieck oder innerhalb des Dreiecks liegen.

Einteilung der Dreiecke
GRUNDLAGEN

Dreiecke lassen sich einteilen
a) nach den Seiten:

Dreiecke können sein:
unregelmäßig
gleichschenklig
gleichseitig …

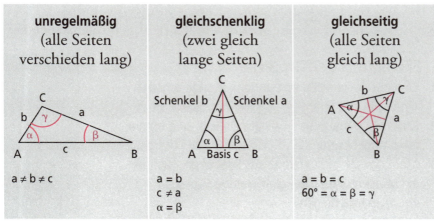

b) nach den Winkeln:

… spitzwinklig
rechtwinklig
stumpfwinklig

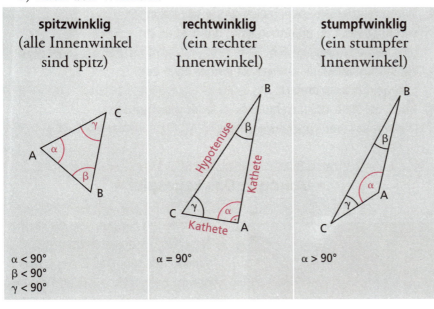

Kombinationsmöglichkeiten:

	spitzwinklig	rechtwinklig	stumpfwinklig
unregelmäßig	x	x	x
gleichschenklig	x	x	x
gleichseitig	x	–	–

Zeichne dir verschiedene Kombinationsmöglichkeiten in dein Heft!

WEISST DU, WAS DU BIST?

▪ Übung 1: Sätze am Dreieck ▪

MacCool verlangt jetzt wichtige Entscheidungen von dir.
Kreise jeweils unter wahr oder falsch den richtigen Buchstaben ein.

	wahr	falsch
1. Drei durch Geraden verbundene Punkte ergeben ein Dreieck.	F	S
2. MacCool behauptet: In einem Dreieck sind immer zwei Winkel spitz.	p	s
3. MacCool soll ein Quadrat aus Dreiecken zeichnen. a) Müssen dann zwei gleichseitige Dreiecke aneinanderliegen?	l	i
b) Oder müssen zwei rechtwinklige Dreiecke mit ihren Hypotenusen aneinanderliegen?	t	g
4. Wenn mindestens zwei gleich große Winkel in einem Dreieck zu erkennen sind, dann ist es ein gleichschenkliges Dreieck.	z	o
5. Ein stumpfwinkliges Dreieck ist immer auch ein unregelmäßiges Dreieck.	b	e
6. MacCool stellt überraschend fest: Jedes gleichseitige Dreieck hat drei Symmetrieachsen.	!	?

▪ Übung 2: Das Legespiel ▪

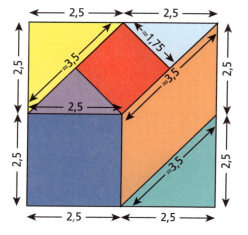

Die meisten Figuren, die du kennst, lassen sich auf verschiedenste Weise zerlegen. Das Dreieck wiederum kannst du in vielen Figuren wiederfinden. Glaubst du es nicht? Dann probiere es selbst aus! MacCool hat dir ein Legespiel aufgezeichnet.
Schneide dir aus mehreren Bogen Buntpapier selbst solch ein kleines Legespiel aus.

Einteilung der Dreiecke
ÜBUNGEN

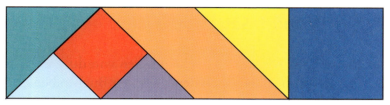

Schaffst du es, diese Figur nachzulegen? Versuche zwei weitere!

Natürlich kannst du auch ein eigenes Legespiel entwickeln.

▪ Übung 3: Superdreiecks-Kreuzworträtsel ▪

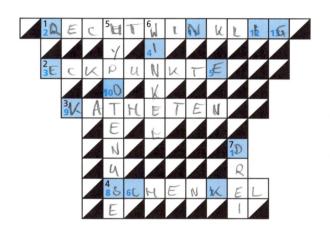

Hast du schon einmal ein Kreuzworträtsel gelöst? Hier gibt es ein solches nur zur Geometrie. Trage die erratenen Begriffe ein und fülle anschließend die blauen Leerfelder unten aus.

Die blau markierten Ergebnisfelder ergeben ein Wort, das dich sicher sehr stolz werden lässt.

Waagerecht:
1. Ein Dreieck mit einem rechten Winkel heißt: …
2. Die Punkte A, B, C werden in einem Dreieck als … bezeichnet.
3. In einem rechtwinkligen Dreieck haben zwei Seiten den gleichen besonderen Namen: …
4. Die Nachbarseiten der Basis in einem gleichschenkligen Dreieck heißen: …

Senkrecht:
5. Wie wird die längste Seite in einem rechtwinkligen Dreieck genannt?
6. Was ist im stumpfwinkligen Dreieck stumpf?
7. Wie viele Eckpunkte hat ein Dreieck?

Hier ausfüllen!

2. Sätze zum Dreieck

Satz: Innenwinkel – Außenwinkel

Innenwinkelsatz:
Die Summe der Innenwinkel im Dreieck beträgt:
$\alpha + \beta + \gamma = 180°$.

Außenwinkelsatz:

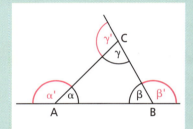

Die Summe der Außenwinkel eines Dreiecks lautet: $\alpha' + \beta' + \gamma' = 360°$. Ein Außenwinkel ist gleich der Summe der beiden nicht anliegenden Innenwinkel.
Die Summe der Außenwinkelgrößen des Dreiecks beträgt 360°.

Innenwinkel + anliegender Außenwinkel = 180°

Winkel-Seiten-Beziehung:
Im Dreieck liegt der größeren von zwei Seiten der größere Winkel gegenüber. Dem größeren von zwei Winkeln liegt die größere Seite gegenüber. Gleich großen Seiten liegen gleich große Winkel gegenüber und umgekehrt.

Beweis des Innenwinkelsatzes

Voraussetzung: α, β, γ seien Innenwinkel eines beliebigen Dreiecks ABC.
Behauptung: $\alpha + \beta + \gamma = 180°$.
Beweis: Zeichne die Parallele durch den Eckpunkt C zur Geraden AB. Bezeichne den zu α gehörenden Wechselwinkel mit α_1 (ebenso β und β_1).

Es gilt: $\alpha_1 = \alpha$ ⎫ Wechselwinkel an
$\beta_1 = \beta$ ⎬ geschnittenen Parallelen
$\alpha_1 + \gamma + \beta_1 = 180°$ ⎭ gestreckter Winkel
Daraus folgt: $\alpha + \beta + \gamma = 180°$.

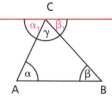

Versuche dich selbst einmal im Beweisen des Außenwinkelsatzes!

Sätze zum Dreieck
GRUNDLAGEN

Satz: Dreiecksungleichung

In jedem Dreieck ist die Summe der Längen zweier Seiten größer als die Länge der dritten Seite.
Es gilt: a + b > c; b + c > a; c + a > b.

Seitenverhältnisse:
a + b > c
b + c > a
c + a > b

Figuren heißen „kongruent", wenn sie in Größe und Gestalt völlig übereinstimmen. Man nennt sie dann auch deckungsgleich. Das entsprechende Zeichen sieht so aus: ≅ (kongruent).

kongruent: ≅

Definition: Kongruenzsätze für Dreiecke

SWS (Seite-Winkel-Seite):
Wenn zwei Dreiecke in zwei Seiten und dem eingeschlossenen Winkel übereinstimmen, sind sie einander kongruent.

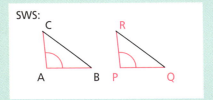

Kongruenzsätze:
SWS

WSW (Winkel-Seite-Winkel):
Wenn zwei Dreiecke in einer Seite und den anliegenden Winkeln übereinstimmen, sind sie einander kongruent.

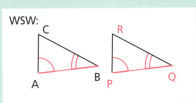

WSW

SSS (Seite-Seite-Seite):
Wenn zwei Dreiecke in drei Seiten übereinstimmen, sind sie einander kongruent.

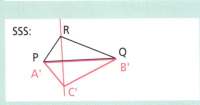

SSS

SSW (Seite-Seite-Winkel):
Wenn zwei Dreiecke in zwei Seiten und dem der größeren Seite gegenüberliegenden Winkel übereinstimmen, sind sie einander kongruent.

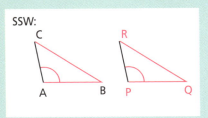

SSW

■ Übung 1: Dreiecks-Aufgaben ■

MacCool stellt dir jetzt Rechenaufgaben, die du wahrscheinlich sicher und schnell lösen kannst.

Berechne die fehlenden Winkel.
1. Innenwinkel:
   a) gegeben: $\alpha = 70°$; $\beta = 15°$ gesucht: γ
   b) gegeben: $\alpha' = 110°$ gesucht: α
2. Außenwinkel:
   a) gegeben: $\gamma = 45°$ gesucht: γ'
   b) gegeben: $\gamma = 70°$; $\alpha = 70°$ gesucht: β'

SCHAU NOCH EINMAL AUF DEN SEITEN 42-47 NACH.

Hast du's geschafft? Die gesuchten Winkel, addiert, ergeben 400°. Du musstest die Zeichen =; >; < verwenden. Gratuliere!

■ Übung 2: Dreiecke und Winkel ■

unregelmäßig spitzwinklig	g ... rechtwinklig	g ... s ...	g ... s ...
(Dreieck ABC mit Winkeln α, β, γ und Seiten a, b, c)	(rechtwinkliges Dreieck ABC)		
$\alpha = 45°$ $\beta = 60°$ $c = 5$ cm	$c = 7{,}5$ cm $\alpha = 45°$ $\beta = 45°$	$b = 6{,}4$ cm $c = 6{,}4$ cm $\alpha = 80°$	$b = 3$ cm $a = 3$ cm $\beta = 60°$
Beispiel: $\gamma = 75°$ $\gamma' = 105°$ $a < b < c$	$\gamma =$ $\gamma' =$ a b	$\beta =$ $\gamma =$ a	$\alpha =$ $\gamma =$ c

Sätze zum Dreieck
ÜBUNGEN

▪ Übung 3: Der Beweis ▪

In dem nun folgenden Beweis hat MacCool irgendetwas durcheinander gebracht. Aber was? Du kannst ihm sicherlich helfen.

Überlege genau! Dann kannst du die versteckten „Lügen" entdecken.

Entscheide, ob die farbig markierten Aussagen wahr oder falsch sind.

Beweis des Kongruenzsatzes SSS

Voraussetzung:
1. Für *zwei* Dreiecke ABC und PQR gelte:
   (1) $\overline{AB} = \overline{PQ}$;
2. (2) $\overline{BC} = \overline{QQ}$;
3. (3) $\overline{AC} = \overline{PR}$.
4. Es sei $\overline{AB}$
5. größte Seite des Dreiecks *ABC* und $\overline{PQ}$ größte
6. Seite des Dreiecks *PSR*.
7. **Behauptung:** $\triangle MBC \cong \triangle PQR$.

Beweis:
   a) Die Winkel, die den Seiten $\overline{AB}$ bzw. $\overline{PQ}$ anliegen,
8. sind *stumpfe* Winkel.
   b) Wegen (1) gibt es eine Bewegung, bei der gilt:
9. *P ist Punkt* von A; Q ist Bild von B;
10. das *Bild* C' von C und Punkt R liegen auf verschiedenen Seiten der Geraden $\overline{PQ}$.
11. c) Es gilt: $\overline{PC'} = \overline{AC'}$ und $\overline{QC'} = \overline{BC'}$.
    Wegen (3) bzw. (2) sind die Dreiecke PRC' bzw. QRC' gleichschenklig.
12. Es folgt: $\sphericalangle PRC' = \triangle PC'R$ bzw. $\sphericalangle C'RQ = \sphericalangle RC'Q$.
13. Damit gilt: $\sphericalangle PRQ = \triangle PC'Q$.
    d) Die Dreiecke PRQ und PC'Q sind nach dem Kongruenzsatz
14. (SWS) *gleichschenklig*.
    Folglich gibt es eine zweite Bewegung, bei der das Dreieck PQR das
15. *Bild* des Dreiecks PQC' ist.
16. Wegen b) und d) gibt es eine Bewegung, bei der das Dreieck *PVD*
17. das Bild des Dreiecks ABC ist; folglich gilt: $\triangle ABC \cong \triangle PQR$.

Diese Zeichen kannst du bestimmt der richtigen Stelle zuordnen:
$\overline{QR}$; PQR; $\triangle$ ABC; spitze; Bild; $\sphericalangle$ PC'R; $\sphericalangle$ PC'Q; kongruent; PQR; zwei; $\overline{AC}$; $\overline{AB}$; ABC; Bild; =; Bild; $\triangle$ ABC.

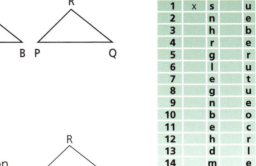

Zeile	wahr	falsch
1	x s	u
2	n	e
3	h	b
4	r	e
5	g	r
6	l	u
7	e	t
8	g	u
9	n	e
10	b	o
11	e	c
12	h	r
13	d	l
14	m	e
15	g	a
16	l	t
17	!	?

3. Besondere Linien und Punkte im Dreieck

Definition: Mittelsenkrechte eines Dreiecks

Mittelsenkrechten eines Dreiecks:
m_a
m_b
m_c

Die Gerade durch den Mittelpunkt einer Seite, die rechtwinklig zu dieser Seite ist, heißt Mittelsenkrechte im Dreieck.
In jedem Dreieck ABC gibt es drei Mittelsenkrechten.

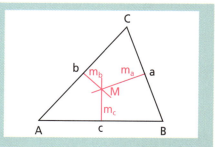

Satz: Mittelsenkrechte eines Dreiecks

Überprüfe diesen Satz an einem selbst gewählten Dreieck.

In jedem Dreieck schneiden die Mittelsenkrechten einander in einem Punkt.

Beweis des Satzes

Voraussetzung: m_a, m_b, m_c seien die Mittelsenkrechten des Dreiecks ABC.
Behauptung: m_a, m_b, m_c schneiden einander in einem Punkt.
Beweis: (1) Der Schnittpunkt von m_a und m_b sei M (Mittelpunkt).
(2) Dann gilt: $\overline{BM} = \overline{CM}$ und $\overline{AM} = \overline{CM}$.
Daraus folgt: $\overline{AM} = \overline{BM}$.
Der Punkt M ist von den Punkten A und B gleich weit entfernt und liegt auch auf m_c. Die Mittelsenkrechte m_c geht ebenfalls durch M.

Schnittpunkte der Mittelsenkrechten in den verschiedenen Dreiecken

Lage des Schnittpunktes der Mittelsenkrechten

spitzwinkliges Dreieck	rechtwinkliges Dreieck	stumpfwinkliges Dreieck
M liegt innerhalb des Dreiecks.	M ist Mittelpunkt der Hypotenuse.	M liegt außerhalb des Dreiecks.

Linien und Punkte im Dreieck
GRUNDLAGEN

Definition: Höhe eines Dreiecks

Das Lot von der Ecke eines Dreiecks auf die gegenüberliegende Seite heißt Höhe des Dreiecks.
In jedem Dreieck ABC gibt es drei Höhen.

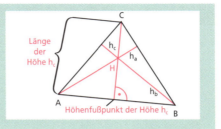

Höhen eines Dreiecks:
h_a
h_b
h_c

Satz: Höhe eines Dreiecks

In jedem Dreieck schneiden die Höhen einander in einem Punkt H.

Schnittpunkte der Höhen in den verschiedenen Dreiecken

Lage des Schnittpunktes der Höhen

spitzwinkliges Dreieck	rechtwinkliges Dreieck	stumpfwinkliges Dreieck
H liegt innerhalb des Dreiecks.	H ist der Scheitel des rechten Winkels.	H liegt außerhalb des Dreiecks.

Definition: Seitenhalbierende eines Dreiecks

Die Gerade durch einen Eckpunkt und den Mittelpunkt der gegenüberliegenden Seite heißt Seitenhalbierende im Dreieck.

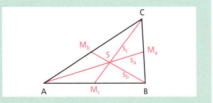

Seitenhalbierenden eines Dreiecks:
s_a
s_b
s_c

Satz: Seitenhalbierende eines Dreiecks

In jedem Dreieck schneiden die Seitenhalbierenden einander in einem Punkt. Der Schnittpunkt der Seitenhalbierenden liegt stets innerhalb des Dreiecks.

Kannst du die Sätze beweisen? Versuche es doch einmal!

Winkel-halbierenden eines Dreiecks:
w_α
w_β
w_γ

Definition: Winkelhalbierende eines Dreiecks

Die Gerade durch einen Eckpunkt, die den dortigen Innenwinkel halbiert, heißt Winkelhalbierende des Dreiecks.
In jedem Dreieck ABC gibt es drei Winkelhalbierende.

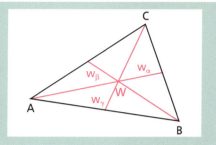

Satz: Winkelhalbierende eines Dreiecks

In jedem Dreieck schneiden die Winkelhalbierenden einander in einem Punkt.

Wenn der Beweis stimmt, müsste er auf jedes Dreieck zutreffen. Probiere es selbst an deinem Dreieck aus.

Beweis des Satzes

Voraussetzung: w_α, w_β, w_γ sind die Winkelhalbierenden des Dreiecks ABC.
Behauptung: w_α, w_β, w_γ schneiden einander in einem Punkt.
Beweis: (1) Der Schnittpunkt von w_α und w_β ist W.
  (2) W hat von den Seiten b und c und von den Seiten a und c denselben Abstand.
Daraus folgt:
W hat von den Seiten a und b denselben Abstand.
W liegt auf w_γ.
Die Winkelhalbierende w_γ geht durch W.
Der Schnittpunkt der Winkelhalbierenden eines Dreiecks liegt stets innerhalb des Dreiecks.

PST! ICH HAB EINEN DENK-VORGANG!

Linien und Punkte im Dreieck
ÜBUNGEN

▪ Übung 1: Halbieren und Verdoppeln ▪

1. Zeichne die Winkel:
   a) α = 90°; β = 120°; γ = 320°
   b) α = 28°; β = 45°; γ = 180°
2. Miss die folgenden Winkel aus. Bestimme rechnerisch das Doppelte dieser Winkel sowie deren Hälfte.

(1)   (2)   (3) (4)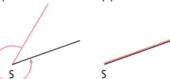

Kommst du beim Addieren der halben Winkel auch auf 230°?

3. Zeichne folgende Winkel und halbiere sie anschließend. Bestimme rechnerisch die Hälfte und miss dann in deiner Zeichnung nach.

a) α = 100°   b) α = 90°   c) α = 60°   d) α = 320°

$\frac{α}{2} =$ $\frac{α}{2} =$ $\frac{α}{2} =$ $\frac{α}{2} =$

Zeichenlösungen auf Seite 146

▪ Übung 2: Halbieren im Dreieck ▪

Trage in den folgenden Zeichnungen die Winkelhalbierenden ein. Markiere den gemeinsamen Punkt. Bezeichne die Winkelhalbierenden.

(1) 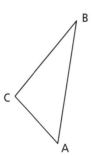   (2)    (3) (4)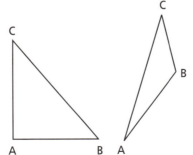

Winkelhalbierende eines Dreiecks

▪ Übung 3: Die Mittelsenkrechten ▪

Mittelsenkrechten ...

MacCool fragt sich: Warum heißt die Mittelsenkrechte eigentlich Mittelsenkrechte? Ob es etwas mit der Mitte zu tun hat? Kannst du es MacCool erklären?

... einer Strecke

1. Konstruiere die Mittelsenkrechte jeder der folgenden Strecken. Berechne jeweils die Hälfte dieser Strecken und miss zur Kontrolle dein Ergebnis mit dem Lineal nach.
$\overline{AB}$ = 2,3 cm; $\overline{CD}$ = 1,2 cm; $\overline{EF}$ = 2,7 cm
$\overline{GH}$ = 0,7 cm; $\overline{IK}$ = 2,1 cm; $\overline{LN}$ = 1,6 cm

... eines Dreiecks

2. Jetzt wird es einen Schritt komplizierter. Aber du schaffst es sicherlich. Zeichne in jedes der nun folgenden Dreiecke die drei möglichen Mittelsenkrechten ein.
Kennzeichne den gemeinsamen Punkt, in dem sich die Mittelsenkrechten schneiden, mit M.
Welches Dreieck liegt vor? Beschreibe die Lage des Schnittpunktes der Mittelsenkrechten.

Beispiel:

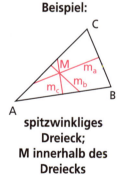

spitzwinkliges Dreieck;
M innerhalb des Dreiecks

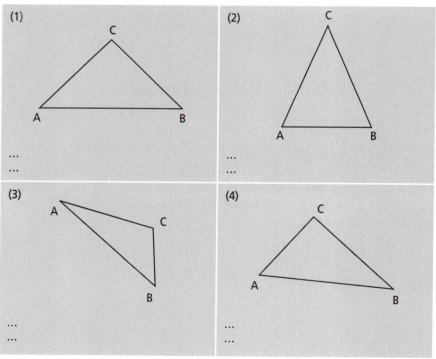

Im Lösungsteil auf Seite 147 erfährst du, ob du deine Aufgaben richtig gelöst hast.

Linien und Punkte im Dreieck
ÜBUNGEN

■ Übung 4: Jetzt geht es hoch hinaus ■

Auch die Höhen eines Dreiecks sollen nicht unbeachtet bleiben.

Höhen eines Dreiecks

1. Miss in den folgenden Zeichnungen die Höhen der einzelnen Seiten genau nach.
Kennzeichne die Höhen mit den auf Seite 51 beschriebenen Zeichen.

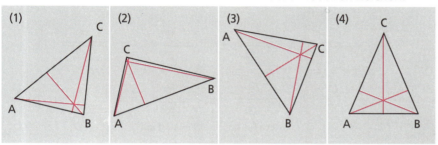

2. Nach dem Messen kommt das Zeichnen!
Zeichne die fehlenden Höhen ein.

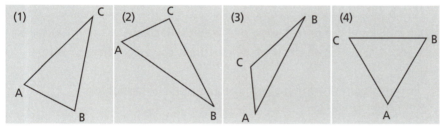

Klappt es? Wenn nicht, schau noch einmal auf Seite 51 nach.

■ Übung 5: Die Seitenhalbierenden ■

Zeichne die fehlenden Seitenhalbierenden in den Zeichnungen ein und kennzeichne den gemeinsamen Schnittpunkt.

Seitenhalbierende eines Dreiecks

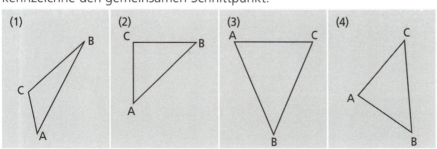

4. Berechnungen am Dreieck

Fläche:
A = 1 cm²

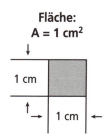

Quadratmillimeter (mm²)

Quadratzentimeter (cm²)

Quadratdezimeter (dm²)

Quadratmeter (m²)

Ar (a)

Hektar (ha)

Quadratkilometer (km²)

Flächenmaße

Das Zeichen für die Fläche lautet: A. Das grundlegende Flächenmaß ist der Quadratmeter (Zeichen: m²).

Einheiten der Fläche:

$$1\,mm^2 \xrightleftharpoons[:100]{\cdot 100} 1\,cm^2 \xrightleftharpoons[:100]{\cdot 100} 1\,dm^2 \xrightleftharpoons[:100]{\cdot 100} 1\,m^2 \xrightleftharpoons[:100]{\cdot 100} 1\,a$$

100 mm² = 1 cm²   100 cm² = 1 dm²   100 dm² = 1 m²   100 m² = 1 a

$$1\,a \xrightleftharpoons[:100]{\cdot 100} 1\,ha \xrightleftharpoons[:100]{\cdot 100} 1\,km^2$$

100 a = 1 ha   100 ha = 1 km²

Die Umrechnungszahl beträgt 100.

Umfang: Der Umfang eines Vielecks ergibt sich aus der Summe der einzelnen Seitenlängen.

Grundformel zur Berechnung der Dreiecksfläche: $A = \frac{g \cdot h}{2}$ Dabei ist g irgendeine Seite des Dreiecks und h die zugehörige Höhe.

Formeln zur Berechnung von Umfang und Flächeninhalt einzelner Dreiecke

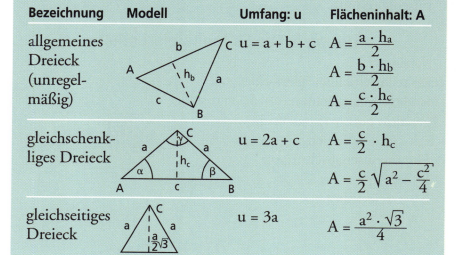

56

Berechnungen am Dreieck
GRUNDLAGEN

Flächensätze am rechtwinkligen Dreieck

Satz des Pythagoras:
Im rechtwinkligen Dreieck ist die Fläche des Quadrates über der Hypotenuse gleich der Summe der Flächen der Quadrate über den Katheten.
$c^2 = a^2 + b^2$
c = Länge der Hypotenuse
a, b = Länge der Katheten

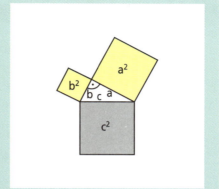

Satz des Pythagoras:
$c^2 = a^2 + b^2$

Kathetensatz:
Im rechtwinkligen Dreieck ist ein Kathetenquadrat genauso groß wie das Rechteck aus der Hypotenuse und dem zur Kathete gehörenden Hypotenusenabschnitt.
$a^2 = p \cdot c$ und $b^2 = q \cdot c$
p, q = Länge der Hypotenusenabschnitte

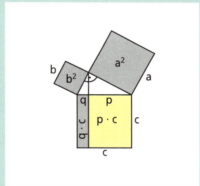

Kathetensatz:
$a^2 = p \cdot c$
und
$b^2 = q \cdot c$

Höhensatz:
Im rechtwinkligen Dreieck ist das Höhenquadrat genauso groß wie das Rechteck aus den beiden Hypotenusenabschnitten.
$h^2 = p \cdot q$
h = Dreieckshöhe

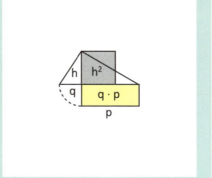

Höhensatz:
$h^2 = p \cdot q$

■ Übung 1: Das Berechnen von Flächen ■

Umrechnungshilfen findest du auf Seite 56.

1. Schreibe in der in Klammern angegebenen Einheit.

   134 dm² (cm²)   520 a (m²)   70000 cm² (m²)   6 km² (m²)

   5 m² (dm²)   4,1 cm² (mm²)   7851 a (ha)   11 ha (m²)

   15 km² (ha)   988 ha (a)   6900 m² (a)   800 dm² (m²)

2. Notiere die Größen in der Tabelle zuerst mit Komma in dein Heft. Wandle sie dann ohne Komma in die kleinere Einheit um.

km²	ha	a	m²	dm²	cm²	mm²
			84	32		
14	15					
	84	6	12	4		

Überprüfen kannst du deine Ergebnisse auf Seite 148.

3. Bringe die Größen vor dem Rechnen auf die jeweils kleinere Einheit.

   12,7 cm² + 4 mm²   4,01 m² − 2,1 dm²   14 m² + 81 dm²

   4,6 cm² + 804 mm²   2,2 m² − 48 dm²   4 a + 5,9 ha

■ Übung 2: Berechnungen zum Dreieck ■

Die Formeln zur Berechnung des Umfangs und Flächeninhalts des Dreiecks findest du auf Seite 57.

1. Berechne Flächeninhalt und Umfang des Dreiecks.

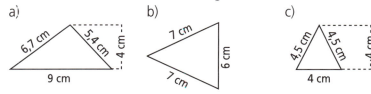

a) Seiten 6,7 cm, 5,4 cm, 9 cm, Höhe 4 cm
b) Seiten 7 cm, 7 cm, Höhe 6 cm
c) Seiten 4,5 cm, 4,5 cm, 4 cm, Höhe 4 cm

2. Berechne die fehlenden Größen des Dreiecks.

	a)	b)	c)	d)	e)	f)	g)
a	4 cm	5 mm				15 cm	6 a
h_a		6 mm	3 a	7,5 m	20 mm	8 cm	14 a
A	8 cm²		4,5 a²	15 m²	40 mm²		

Berechnungen am Dreieck
ÜBUNGEN

▪ Übung 3: Herr Pythagoras lässt bitten ▪

Nach den theoretischen Ausführungen zu den Sätzen am rechtwinkligen Dreieck auf Seite 57 geht es jetzt hinein ins praktische Leben.

1. In einem rechtwinkligen Dreieck ($\gamma = 90°$) sind die Längen zweier Seiten gegeben. Berechne die Länge der dritten Seite.

  a) a = 5 cm   b = 8 cm
  b) a = 5,5 cm b = 80 mm
  c) b = 4 km   c = 5 km
  d) a = 8 km   c = 10 km
  e) c = 14 mm   a = 12 mm

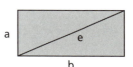

Welches Ergebnis passt nicht in die Blüte?

2. Von den drei Größen a, b und e sind zwei gegeben. Berechne die dritte.

  a) e = 8 m   b) a = 4,4 dm   c) e = 60 mm   d) a = 0,4 m
     a = 2 m   b = 5,6 dm   b = 20 mm   b = 1,2 m

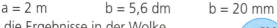

Ordne die Ergebnisse in der Wolke der richtigen Aufgabe zu.

3. Von den sechs Stücken a, b, c, h, p und q eines rechtwinkligen Dreiecks sind zwei gegeben. Berechne die übrigen.

  a) p = 9 cm   b) c = 21 cm   c) a = 4 cm
     q = 2 cm   p = 8 cm   b = 5 cm

4. Von den drei Größen c, s und h eines gleichschenkligen Dreiecks sind zwei gegeben. Berechne die dritte.

  a) s = 5,5 cm   b) c = 7,4 cm   c) c = 4 cm   d) c = 5 cm
     h = 4 cm   s = 9 cm   s = 10 cm   s = 6 cm

5. Berechne die jeweils fehlenden Angaben zu dem gleichseitigen Dreieck.

	a)	b)	c)	d)
a	4 cm		4,6 km	
h				
A		32 cm²		158 km²

5. Dreieckskonstruktionen

Dreieckskonstruktion nach: Seite – Seite – Seite

Gegeben: SSS

Gegeben: Planfigur   (1)   (2)

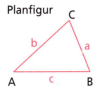
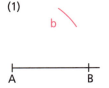
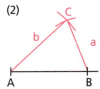

Konstruktionen mit Bleistift, Zirkel und Lineal

(1) Zeichne die Strecke c und du erhältst die Punkte A und B.
Zeichne um A den Kreis mit dem Radius b.
(2) Zeichne um B den Kreis mit dem Radius a.
Falls die beiden Kreise einander schneiden, bezeichne einen der Schnittpunkte mit C.
Das Dreieck ABC ist das gesuchte Dreieck.

Die Konstruktion ist nur dann ausführbar, wenn die gegebenen Strecken der Dreiecksungleichung genügen.

Seite – Winkel – Seite

Gegeben: SWS

Gegeben: 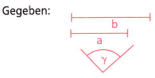   Planfigur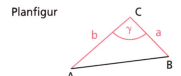

(1) 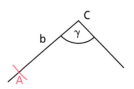   (2)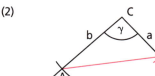

(1) Zeichne den Winkel γ mit dem Scheitel C.
Trage von C aus auf einem Schenkel des Winkels die Strecke b ab und bezeichne den so gewonnenen Punkt mit A.
(2) Trage von C aus auf dem anderen Schenkel des Winkels die Strecke a ab und bezeichne den so gewonnenen Punkt mit B.
Verbinde A und B und du erhältst das Dreieck ABC.

Die Konstruktion ist eindeutig ausführbar.

Dreieckskonstruktionen
GRUNDLAGEN

Gegeben: WSW

Dreieckskonstruktion nach: Winkel – Seite – Winkel

Gegeben: Planfigur   (1)   (2)
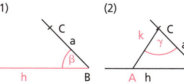

(1) Zeichne die Strecke a und du erhältst die Punkte B und C. Trage in B an den Strahl $\overline{BC}$ den Winkel β an und bezeichne den freien Schenkel des angetragenen Winkels mit h.

(2) Trage in C an den Strahl $\overline{CB}$ den Winkel γ so an, dass der freie Schenkel des angetragenen Winkels den Strahl h schneidet. Den Schnittpunkt bezeichne mit A.
Das Dreieck ABC ist das gesuchte Dreieck.

Die Konstruktion ist nur dann ausführbar, wenn die Summe der gegebenen Winkel kleiner als 180° ist.

Gegeben: SSW

Seite – Seite – Winkel

Gegeben: Planfigur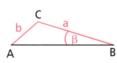

(1) 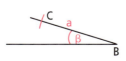   (2)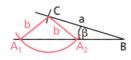

(1) Zeichne den Winkel β mit dem Scheitel B. Trage von B aus auf einem Schenkel des Winkels die Strecke a ab und bezeichne den so gewonnenen Punkt mit C.

(2) Zeichne um C den Kreis mit dem Radius b. Er schneidet den freien Schenkel des Winkels in zwei Punkten: A_1 bzw. A_2.

Beide Dreiecke A_1BC und A_2BC genügen den gestellten Bedingungen.

▪ Übung 1: Kongruenzsätze ▪

Bestimme jeweils den zugehörigen Kongruenzsatz, bevor du deine Konstruktion beginnst.
Fertige dir eine Konstruktionshilfe in Form einer Skizze an.

Planfigur:

1. a) $a = 6{,}7$ cm   b) $a = 4$ cm   c) $a = 5$ cm   d) $a = 4{,}5$ cm
   $b = 5{,}4$ cm $b = 6$ cm $b = 6$ cm $b = 4{,}5$ cm
   $c = 9$ cm $c = 7{,}2$ cm $c = 7$ cm $c = 4$ cm

2. a) $a = 4{,}5$ cm   b) $a = 3$ cm   c) $a = 9$ cm   d) $c = 10$ cm
   $b = 4{,}5$ cm $c = 7$ cm $c = 5$ cm $b = 5$ cm
   $\gamma = 45°$ $\beta = 60°$ $\beta = 90°$ $\alpha = 75°$

3. a) $\alpha = 60°$ b) $\beta = 45°$ c) $\alpha = 120°$ d) $\alpha = 20°$
   $\beta = 60°$ $\gamma = 90°$ $\gamma = 30°$ $\beta = 25°$
   $c = 5$ cm $a = 7{,}5$ cm $b = 4{,}5$ cm $c = 6$ cm

4. a) $\alpha = 45°$ b) $a = 8{,}5$ cm   c) $a = 6$ cm   d) $a = 10{,}5$ cm
   $a = 4$ cm $b = 3{,}5$ cm $b = 4$ cm $b = 10{,}5$ cm
   $b = 2$ cm $\alpha = 90°$ $\beta = 35°$ $\beta = 55°$

Die Seiten 60 und 61 helfen dir beim Lösen dieser Aufgaben.

Die Zeichenlösungen dieser Aufgaben findest du im Lösungsteil auf Seite 148/149.

WEISST DU JETZT, WARUM DU DIR DIE KONGRUENZSÄTZE SO GENAU EINPRÄGEN MUSSTEST?

Dreieckskonstruktionen
ÜBUNGEN

■ Übung 2: Dreieckskonstruktionen ■

MacCool hat in seiner Schatztruhe einige verstaubte Aufgaben ausgegraben, mit denen er nicht klarkommt.
Du kannst ihm sicherlich helfen, diese Aufgaben zu entstauben.

1. Konstruiere die Dreiecke. Miss jeweils die Länge der dritten Seite. Kontrolliere anschließend selbst, indem du nachrechnest.

a) 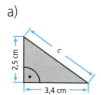   b) 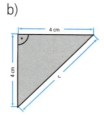   c)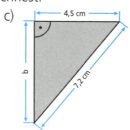

Kannst du hier den Satz des Pythagoras anwenden?

2. Zeichne folgende Dreiecke:
   a) a = 5 cm, b = 6 cm, c = 7 cm
   b) a = 5 cm, b = 7 cm, β = 30°
   c) a = 6 cm, β = 40°, γ = 50°
   d) a = 4 cm, b = 6 cm, β = 70°

Vergiss deine Planfigur nicht!

■ Übung 3: Aufs Dach gestiegen ■

Hier darfst du dich von deiner besten Seite zeigen.
Bist du fit? Dann drückt dir MacCool ganz fest die Daumen!

Gehe immer von einem ebenen einzelnen Dreieck aus!

Folgende Größen von einem Dach sind gegeben:

a) a = 10 m   b) g = 17 m
   c = 8 m   b = 22 m
   h = 6 m   c = 12 m
   ges.: b; g   ges.: a; h

Berechne die gesuchten Größen.

Abschlusstest III

Mithilfe der folgenden Aufgaben kannst du überprüfen, ob du das gesamte Kapitel „Dreiecke" verstanden hast.

Quer durch den Dreiecksgarten!

1. Überprüfe folgende Sätze auf ihre Richtigkeit.
Ordne die Buchstaben in der richtigen Reihenfolge.

	wahr	falsch
(1) Verbindet man drei Punkte miteinander, erhält man ein Dreieck.	l	r
(2) Es müssen alle drei Winkel in einem Dreieck kleiner als 90° sein; dann liegt ein spitzwinkliges Dreieck vor.	i	o
(3) Der rechte Winkel in einem rechtwinkligen Dreieck liegt immer der größten Kathete gegenüber.	s	c
(4) Die Summe der Innenwinkel beträgt in einem Dreieck immer 180°.	h	u
(5) Wenn zwei Dreiecke in drei Seiten übereinstimmen, dann sind sie kongruent.	t	n
(6) Die Gerade durch den Mittelpunkt einer Seite heißt Mittelsenkrechte.	g	i
(7) Die Umrechnungszahl von dm² zu a beträgt 10 000.	g	e
(8) Der Kathetensatz gilt für alle Dreiecke.	?	!

Hast du das Lösungswort gefunden? Dann gibt es 8 Punkte für dich.

Die Winkel im und am Dreieck

2. Berechne die fehlenden Winkel.

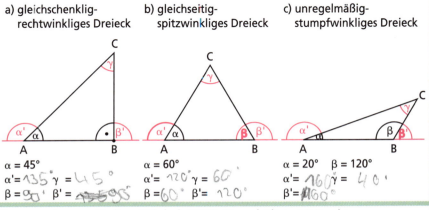

a) gleichschenklig-rechtwinkliges Dreieck
$\alpha = 45°$
$\alpha' = 135°$ $\gamma = 45°$
$\beta = 90°$ $\beta' = $ ~~45°~~

b) gleichseitig-spitzwinkliges Dreieck
$\alpha = 60°$
$\alpha' = 120°$ $\gamma = 60°$
$\beta = 60°$ $\beta' = 120°$

c) unregelmäßig-stumpfwinkliges Dreieck
$\alpha = 20°$ $\beta = 120°$
$\alpha' = 160°$ $\gamma = 40°$
$\beta' = 160°$

Summe der ermittelten Winkel: 980°. Du erhältst: 10 Punkte.

Dreiecke
ABSCHLUSSTEST III

3. Zeichne in das vorgegebene Dreieck die Mittelsenkrechten, die Höhen, die Seitenhalbierenden und die Winkelhalbierenden farblich unterschiedlich ein.

    a) a = 10 cm   b) a = 10 cm
        b = 12 cm   b = 14 cm
        c = 14 cm   β = 45°

Besondere Linien und Punkte im Dreieck: Seite 50–52!

Wenn du alles richtig gezeichnet hast, erhältst du 10 Punkte.

4. Berechne den Flächeninhalt der Dreiecke.

Flächeninhalt (A) eines Dreiecks

Dreieck	a)	b)	c)	d)	e)	f)
Grundseite c	4 cm	9,8 dm	14 mm	8 km	14 m	12,43 m
Höhe h_c	2 cm	8 dm	8 mm	2,7 km	13 m	10,08 m

4 cm²	39,2 dm²	91 m²	≈ 62,65 m²	56 mm²	10,8 km²

Sind deine Lösungen im unteren Rahmen zu finden? Volle Punktzahl: 6!

5. Schreibe mit Komma in der in Klammern angegebenen Einheit.

    4 cm² 12 mm² (mm²)   3 km² 23 ha (ha)   10 ha 1 a (ha)
    3 m² 4 dm² (m²)   24 dm² 23 mm² (dm²)   1 km² 234 ha (km²)
    15 a 12 m² (a)   4 m² 3 dm² (m²)   36 dm² 2 cm² (cm²)

Flächen: Maßeinheiten und ihre Umwandlung

9 Punkte kannst du dir gutschreiben, wenn alle Teilaufgaben stimmen.

6. Berechne die fehlenden Größen der rechtwinkligen Dreiecke.

    a) a = 4 cm   b) h_a = 8 cm   c) a = 10 cm   d) q = 5 cm
        b = 5 cm   a = 4 cm   b = 3 cm   c = 7 cm
        ges.: u   ges.: A   ges.: A, u   ges.: A, u

Das rechtwinklige Dreieck

Wenn du alle gesuchten Größen richtig berechnet hast, gibt es 6 Punkte.

7. Konstruiere Dreiecke. Welchen Kongruenzsatz musst du anwenden?

    a) a = 9 cm   b) a = 3 cm   c) a = 9 cm   d) a = 9 cm
        b = 8 cm   b = 4 cm   c = 8 cm   β = 20°
        α = 77°   c = 5 cm   β = 65°   γ = 100°

Konstruktion von Dreiecken

Alles richtig? Dann füge deinem Konto nochmals 8 Punkte hinzu.

Auswertung des Tests

57 – 45 Punkte: Sehr gut! Das nächste Kapitel kann in Angriff genommen werden.
44 – 33 Punkte: Gut! Aber arbeite noch genauer.
32 – 0 Punkte: Noch einmal zurück zu Seite 42.

VIELE ECKEN ZUM VERSTECKEN

Vielecke und Vierecke

1. Vielecke

Definition: Vielecke

Vieleck: n-Eck (n Ecken)

Die Anzahl der Seiten ist stets gleich der Anzahl der Ecken.

Werden n Punkte $P_1, P_2, P_3, P_4 \ldots P_n$ einer Ebene, von denen keine drei Punkte auf einer Geraden liegen, miteinander verbunden, entsteht ein Vieleck.
Vielecke werden durch die Anzahl ihrer Eckpunkte charakterisiert.
Die Verbindungsstrecke zweier nicht benachbarter Eckpunkte des Vielecks nennt man Diagonale.

Definitionen: spezielle Vielecke

„überschlagenes Vieleck"

Vielecke, deren Seiten sich überschneiden, heißen „überschlagene Vielecke".

„konvexes Vieleck"

Vielecke, bei denen jeder Innenwinkel kleiner (oder gleich) 180° ist, heißen „konvexe Vielecke". Die Diagonalen verlaufen nur im Innern des Vielecks.

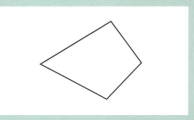

„konkaves Vieleck"

Vielecke, bei denen mindestens ein Innenwinkel größer als 180° ist, heißen „konkave Vielecke".

Vielecke
GRUNDLAGEN

Sätze zum n-Eck

Ein n-Eck hat $n \cdot \frac{(n-3)}{2}$ Diagonalen.
Bei einem n-Eck beträgt die Summe der Innenwinkelmaße $(n-2) \cdot 180°$.

Bestimmung der Diagonalen eines n-Ecks: $n \cdot \frac{(n-3)}{2}$

Summe der Innenwinkelmaße eines n-Ecks: $(n-2) \cdot 180°$

Definition: regelmäßige konvexe n-Ecke

Regelmäßig heißt jedes n-Eck, dessen Seiten gleich lang und dessen Winkel gleich groß sind.
Der Innenwinkel eines regelmäßigen n-Ecks beträgt $\frac{(n-2)}{n} \cdot 180°$.
Alle regelmäßigen Vielecke besitzen einen Inkreis, bei dem die Seiten Tangenten sind, und einen Umkreis, der durch alle Eckpunkte des Vielecks führt.

Beispiele für regelmäßige n-Ecke

n = 3	n = 4	n = 5
α = 60°	α = 90°	α = 108°

Regelmäßige konvexe n-Ecke

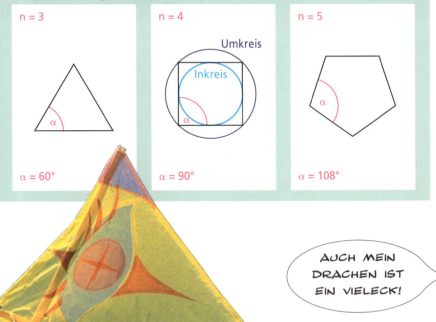

AUCH MEIN DRACHEN IST EIN VIELECK!

▪ Übung 1: Das Vielecks-Erkennungsspiel ▪

Seite 66 verrät dir alles! Probiere es aber erst einmal ohne nachzuschauen.

MacCool hat dir verschiedene Vielecke mitgebracht. Du sollst nun im Einzelnen unter jede Zeichnung den passenden Begriff notieren. Los gehts!

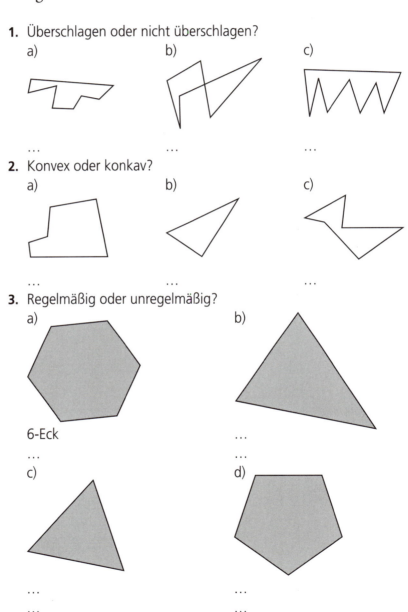

1. Überschlagen oder nicht überschlagen?
   a) …   b) …   c) …

2. Konvex oder konkav?
   a) …   b) …   c) …

3. Regelmäßig oder unregelmäßig?
   a) 6-Eck   …
   b) …
   c) …   …
   d) …   …

Vergleiche deine Ergebnisse mit dem Lösungsteil.

Vielecke
ÜBUNGEN

■ Übung 2: Köpfchen gefragt! ■

Bei dieser Aufgabe musst du knobeln. Doch wie MacCool dich kennt, wirst du auch hiermit keine Probleme haben.

1. Zeichne alle Diagonalen in die vorgegebenen n-Ecke ein.

a)   b)   c)

Die Diagonalen der n-Ecke

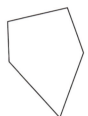

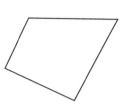

Wie viele Diagonalen hast du gefunden?

Erhältst du auch die Diagonalsumme: 7?

2. Findest du alle Verbindungsstrecken in den folgenden Zeichnungen? Ein Beispiel soll dir helfen.

Beispiel: a)   b)

Die Verbindungsstrecken der n-Ecke

3. Berechne mithilfe der dir bekannten Formel den Innenwinkel folgender regelmäßiger n-Ecke:

a)   b)   c)   d)

Der Innenwinkel eines n-Ecks

Addiere anschließend alle vier ermittelten Innenwinkel.

Innenwinkelsumme
Schieß den richtigen Luftballon ab!

2. Einteilung der Vierecke

Was ist ein Viereck?

4 Seiten
4 Ecken
4 Winkel
= 4-Eck

n-Eck: 4-Eck

Unterscheide genau die Seitenbezeichnung beim Viereck und beim Dreieck!

Definition: Viereck

Ein n-Eck mit vier Seiten, vier Ecken und vier Winkeln heißt Viereck. Jedes Viereck lässt sich durch eine Diagonale in zwei Teildreiecke zerlegen.
Die Summe der Innenwinkel ist beim Viereck stets 360°.

Elemente des Vierecks:
Eckpunkte: A, B, C, D
Seitenlängen: a = |AB|, b = |BC|, c = |CD|, d = |DA|
Diagonalenlängen: e = |AC|, f = |BD|
Innenwinkel: α, β, γ, δ
Bei einem Viereck unterscheidet man:
(1) Punkte innerhalb des Vierecks,
(2) Punkte auf dem Viereck,
(3) Punkte außerhalb des Vierecks.

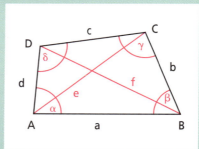

Viereck und Vierecksfläche

Viereksfläche:

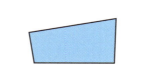

Die zum Viereck ABCD gehörende Vierecksfläche ist die Menge aller Punkte der Ebene, die entweder auf dem Viereck oder innerhalb des Vierecks liegen.

Einteilung der Vierecke
GRUNDLAGEN

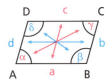

Stücke eines Vierecks:

Gegenseiten	a und c; b und d
benachbarte Seiten	a und b; b und c; c und d; d und a
Gegenwinkel	α und γ; β und δ
benachbarte Winkel	α und β; β und γ; γ und δ; δ und α

Unterscheidung der Vierecke:

a) nach der Länge der Seiten:

allgemeines Viereck	alle vier Seiten verschieden lang
Drachenviereck	zwei Paare gleich langer Nachbarseiten
Parallelogramm	zwei Paare gleich langer Gegenseiten
Rhombus	alle vier Seiten gleich lang

b) nach der Lage der Seiten zueinander:

allgemeines Viereck	keine Seiten zueinander parallel
Trapez	ein Paar paralleler Seiten
Parallelogramm	zwei Paare paralleler Seiten

Verwandtschaft der Vierecke:

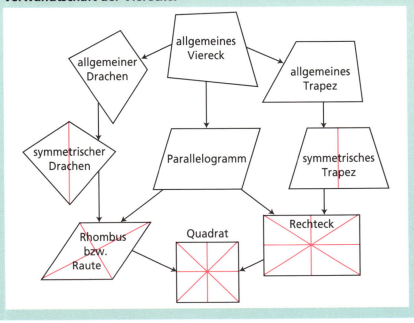

Vierecke:

allgemeines Viereck

Drachenviereck

Trapez

Parallelogramm

Rechteck

Rhombus

Quadrat

▪ Übung 1: Lügensätze? Ja oder nein ▪

Verschiedene Vierecksfragen: Seite 70 und 71!

In den folgenden Sätzen sollst du herausfinden, ob der Satz geometrisch richtig oder falsch ist.
Lies jeden Satz genau und am besten zweimal durch, bevor du dich entscheidest.
Kreuze die entsprechenden Buchstaben in der Tabelle an und setze danach die gefundenen Buchstaben in der richtigen Reihenfolge aneinander.

Jetzt wird nicht mehr heimlich nach vorn geblättert! Zeig, was du kannst!

1. Bei einem Viereck liegt immer ein geschlossener Streckenzug vor.
2. Ein Viereck lässt sich immer in mindestens zwei Dreiecke zerlegen.
3. Ein Viereck ist auch ein n-Eck.
4. Nur konvexe Figuren können Vierecke sein.
5. In einem Viereck sind die gegenüberliegenden Seiten: a und c, b und d.
6. Jedes Viereck ist auch ein allgemeines Viereck.
7. Jedes Viereck ist achsensymmetrisch.
8. In einem Viereck gibt es vier Innenwinkel: α, β, γ, δ; die Gegenwinkel im Viereck sind: α und γ, β und δ.
9. Ein Rechteck ist ein Sonderfall des Parallelogramms.
10. In einem allgemeinen Viereck sind keine Seiten zueinander parallel.

	wahr	falsch
1.	E	K
2.	c	l
3.	k	a
4.	n	e
5.	n	a
6.	k	n
7.	a	ö
8.	n	l
9.	i	u
10.	g	f

MacCool gratuliert dir zu deinem gefundenen neuen Namen.

▪ Übung 2: Eine Frage der Ordnung ▪

Kannst du in deiner Skizze alles unterbringen?
A, B, C, D
a, b, c, d
α, β, γ, δ
e, f

Skizziere ein allgemeines Viereck.
Beschrifte dieses nun mit allen dir bekannten Zeichen.
Im Lösungsteil auf Seite 151 kannst du dein Ergebnis vergleichen.

Einteilung der Vierecke
ÜBUNGEN

▪ Übung 3: neirtemmyS ▪

1. Zeichne nur die Linien für die Achsensymmetrie ein.

(1) 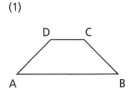 (2) 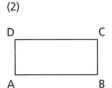 (3)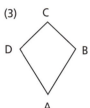

Achsensymmetrie oder Axialsymmetrie

2. Zeichne nur die Punkte für die Punktsymmetrie ein.

(1) (2) (3)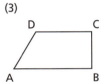

Punktsymmetrie oder Zentralsymmetrie

3. Zeichne die Punktsymmetrie und die Achsensymmetrie ein.

(1) (2) 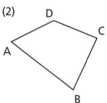 (3)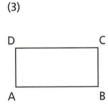

Punktsymmetrie und Achsensymmetrie

Findest du Figuren, die nicht symmetrisch sind? Der Lösungsteil verrät dir, ob du die Punkte und Linien richtig eingezeichnet hast.

▪ Übung 4: Das Neun-Punkte-Brett ▪

Jetzt sind deine handwerklichen Fähigkeiten gefragt. Fertige dir aus einem quadratischen Holzbrett die auf dem rechten Seitenrand abgebildete geometrische Hilfe an. Die neun Punkte markieren die Stellen, an denen du vorsichtig einen Nagel einklopfen sollst. Nimm dir anschließend verschiedenfarbige Gummis und spanne an den Nägeln die folgenden Figuren:
regelmäßige Dreiecke, Quadrate, Rechtecke, 5-Ecke usw.
Kannst du noch andere Figuren spannen und erkennen?

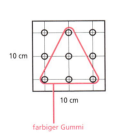

3. Sätze zum Viereck

Satz: Winkelsumme im Viereck

Winkelsumme im Viereck:
$\alpha + \beta + \gamma + \delta = 360°$

In jedem Viereck beträgt die Summe der Innenwinkel 360°.

Voraussetzung: Gegeben ist ein Viereck ABCD mit den Innenwinkeln $\alpha, \beta, \gamma, \delta$.
Behauptung: Die Summe der Innenwinkel beträgt 360°.
Beweis: Die Diagonale $\overline{AC}$ (e) teilt das Viereck in die Dreiecke Δ ABC und Δ ACD.
Die Summe der Innenwinkel jedes der beiden Dreiecke beträgt 180°. Die Winkel der beiden Dreiecke bilden die Innenwinkel des Vierecks ABCD. Ihre Summe beträgt also: 180° + 180° = 360°.

Beweisskizze:

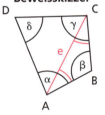

Definition: Trapez

Trapez

Jedes Viereck mit einem Paar zueinander paralleler Gegenseiten heißt Trapez.

Elemente des Trapezes:
Im Trapez heißen die parallelen Gegenseiten Grundseiten, die nicht parallelen Gegenseiten Schenkel.
Die Verbindungsstrecke der Mittelpunkte der Schenkel bezeichnet man als Mittellinie im Trapez.
Jede durch das Lot von einem Eckpunkt auf die gegenüberliegende Grundseite oder deren Verlängerung bestimmte Strecke heißt Höhe im Trapez.

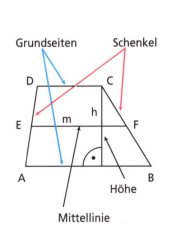

Sätze zum Viereck

GRUNDLAGEN

Sätze über das Trapez

1. Die Winkel, die ein und demselben Schenkel eines Trapezes anliegen, betragen zusammen 180°.
2. In jedem Trapez verläuft die Mittellinie parallel zu den Grundseiten.
3. In jedem Trapez ist die Mittellinie halb so lang wie die Summe der beiden Grundseiten: $m = \frac{(a+c)}{2}$

Sätze zum Trapez

Definition: gleichschenkliges Trapez

Ein Trapez heißt gleichschenklig, wenn es genau ein Paar paralleler Seiten besitzt und die Schenkel gleich lang sind.

Gleichschenkliges Trapez

Satz: gleichschenkliges Trapez

In jedem gleichschenkligen Trapez sind die Winkel, die ein und derselben Grundseite anliegen, kongruent.
Jedes gleichschenklige Trapez ist axialsymmetrisch. Die beiden Diagonalen im gleichschenkligen Trapez sind gleich lang.

Wenn du clever bist, probierst du dich schon einmal im Beweisen der Sätze!

Definition: Parallelogramm

Jedes Viereck mit zwei Paaren zueinander paralleler Gegenseiten heißt Parallelogramm.

Parallelogramm

Sätze über das Parallelogramm

Ein Viereck ist ein Parallelogramm genau dann,
(1) … wenn jeweils die Gegenseiten gleich lang sind.
(2) … wenn die Diagonalen einander halbieren.
(3) … wenn die Gegenwinkel gleich groß sind.

Decke die Sätze mit einem Blatt Papier zu und versuche, sie vollständig aufzusagen.

Übung 1: Sätze am Viereck

Sätze am Viereck: speziell zu den Winkeln

Hier hat MacCool so seine Probleme mit den Sätzen.

1. Schreibe den Innenwinkelsatz aller Vierecke auf.
2. Berechne die fehlenden Winkel.

Greife dabei auch auf die Sätze der speziellen Vierecke zurück.

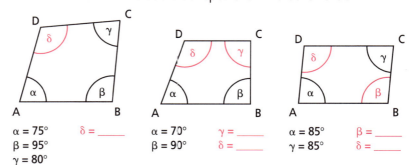

$\alpha = 75°$ $\delta = $ _____
$\beta = 95°$
$\gamma = 80°$

$\alpha = 70°$ $\gamma = $ _____
$\beta = 90°$ $\delta = $ _____

$\alpha = 85°$ $\beta = $ _____
$\gamma = 85°$ $\delta = $ _____

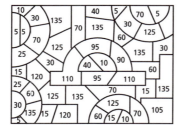

Male nun diejenigen Flächen des nebenstehenden Bildes farbig aus, in denen deine ermittelten Zahlen stehen. Du findest dann ein Zeichengerät, das dir manche Rechnung erspart.

Übung 2: Lückenhafte Sätze

Vervollständige die begonnenen oder unterbrochenen Sätze richtig.

Wähle aus! Zwei Begriffe bleiben übrig; sie lassen sich nicht in die Sätze einordnen: Trapez; Parallelogramm; Diagonale; Viereck; Innenwinkel.

1. Die Verbindungsstrecke zweier nicht benachbarter Eckpunkte nennt man _____ .

2. In jedem _____ verläuft die Mittellinie parallel zu den Grundseiten.

3. Ein Viereck ist ein _____ genau dann, wenn jeweils die Gegenseiten gleich lang sind.

Sätze zum Viereck
ÜBUNGEN

■ Übung 3: Der Beweis ■

MacCool kommt erneut zu einem stets beliebten Problem: dem Beweis.

Satz: In jedem gleichschenkligen Trapez sind die Winkel, die ein und derselben Grundseite anliegen, kongruent.

1. Zunächst erhältst du einen Beweis mit einigen falschen Aussagen:
2. **Voraussetzung:** Das *Dreieck* ABCD sei ein gleichschenkliges *Trapez*,
3. dessen Grundseite $\overline{AB}$ größer als die *Grundseite $\overline{CD}$* ist.
4. **Behauptung:** ∢ DAB > ∢ CBA und ∢ ADC ≅ ∢ BCD.
5. **Beweis:** Die Fußpunkte der *Höhen* von D und C auf die Seite $\overline{AB}$ seien L_1 bzw. L_2. Dann sind die
7. Dreiecke AL_1L_1 und BL_2C nach dem *Kongruenzsatz SSW* kongruent. Damit ergibt sich die
8. Kongruenz der *Winkel DAB* und CBA. Die
9. Kongruenz der Winkel *AAA* und BCD folgt aus
11. der Kongruenz der *Seiten ADL!* und BCL_2.

Entscheide, ob die blau markierten Aussagen in diesem Beweis wahr oder falsch sind. Trage deine Ergebnisse in die Tabelle ein. Ordne die Buchstaben dann der Reihe nach und schreibe sie dir auf.

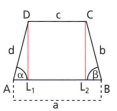

Feld	wahr	falsch
1	k	e
2	r	a
3	s	b
4	e	t
5	k	l
6	m	l
7	a	u
8	s	m
9	a	s
10	t	i
11	p	g

2. Ergänze den lückenhaften Beweis richtig:
(1) Wenn ein Viereck ein Parallelogramm ist, sind die Gegenseiten jeweils gleich lang.
(2) Wenn die Gegenseiten jeweils gleich lang sind, ist das Viereck ein Parallelogramm.

Beweis: Aussage (1)

Voraussetzung: Das Viereck

_____ sei ein _____;

also gilt: $\overline{AB} \parallel \overline{DC}$ und _____

Behauptung: _____

Beweis: Aus △ ABC ≅ △ CDA (nach Kongruenzsatz WSW) folgt:

$\overline{AB} \cong \overline{CD}$ und _____

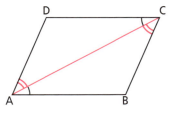

MacCool gibt dir die folgenden möglichen Aussagen vor. Ordne sie richtig ein.

$\overline{BC} \cong \overline{DA}$
Parallelogramm
$\overline{AB} \cong \overline{DC}$
$\overline{AD} \cong \overline{BC}$
ABCD
$\overline{AD} \parallel \overline{BC}$

77

Definition: Rhombus

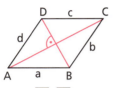

Rhombus oder Raute

$\overline{AC}, \overline{BD}$: Symmetrieachsen
a ∥ c
b ∥ d
a = b

Jedes Parallelogramm mit einem Paar benachbarter Seiten, die gleich lang sind, heißt Rhombus.

Folgerungen:
(1) In jedem Rhombus sind die Seiten gleich lang.
(2) In jedem Rhombus sind die Gegenseiten parallel.
(3) In jedem Rhombus sind die Gegenwinkel gleich groß.
(4) In jedem Rhombus halbieren die Diagonalen einander.

Satz: Rhombus

Ein Parallelogramm ist genau dann ein Rhombus, wenn die Diagonalen senkrecht aufeinander stehen.

Definition: Rechteck

Rechteck

a ∥ c
b ∥ d
∢ DAB = 90°

Jedes Parallelogramm mit einem rechten Winkel heißt Rechteck.

Folgerungen:
(1) In jedem Rechteck sind alle Winkel rechte Winkel.
(2) In jedem Rechteck sind die Gegenseiten gleich lang und zueinander parallel.
(3) In jedem Rechteck halbieren die Diagonalen einander.

Satz: Rechteck

Ein Parallelogramm ist genau dann ein Rechteck, wenn die Diagonalen gleich lang sind.

Sätze zum Viereck
GRUNDLAGEN

Definition: Quadrat

Jedes Parallelogramm mit einem Paar gleich langer, benachbarter Seiten und einem rechten Winkel heißt Quadrat.

Folgerungen:
(1) In jedem Quadrat sind alle Seiten gleich lang.
(2) In jedem Quadrat sind alle Winkel rechte Winkel.
(3) In jedem Quadrat sind die Gegenseiten parallel.
(4) In jedem Quadrat stehen die Diagonalen senkrecht aufeinander und halbieren sich.

Die beiden gleich langen Diagonalen sind Symmetrieachsen. Damit hat jedes Quadrat insgesamt vier Symmetrieachsen und ein Symmetriezentrum, ihren gemeinsamen Schnittpunkt.
Die Länge der Diagonalen ist aus einem rechtwinklig-gleichschenkligen Dreieck über den pythagoreischen Lehrsatz bestimmbar (siehe Seite 57).

Quadrat

a ∥ c
b ∥ d
a = b
∢ DAB = 90°

Definition: Drachenviereck

Jedes Viereck, bei dem die Diagonalen senkrecht aufeinander stehen und dessen eine Diagonale die Symmetrieachse des Vierckes ist, heißt Drachenviereck.

Drachenviereck

$\overline{AC}$: Symmetrieachse
a = d
b = c

Satz: Drachenviereck

In jedem Drachenviereck gibt es zwei Paare benachbarter, gleich langer Seiten.

▪ Übung 1: Bezeichnungsprobleme? ▪

Zeichne je ein Beispiel zu den folgenden Vierecken und beschrifte es:

Rechteck	Rhombus
Quadrat	Drachenviereck

Ist es dir gelungen, alle vier Vierecke unterschiedlich und speziell zu zeichnen? Dann dürfte die Beschriftung kein Problem sein.

Vergleichen kannst du deine Ergebnisse mit dem Lösungsteil auf Seite 152.

▪ Übung 2: Vierecks-Definitionen ▪

Unterscheidung einzelner spezieller Vierecke

Im ersten Teil dieser Übung sollst du überprüfen, ob die jeweilige Definition mit dem angegebenen Viereck übereinstimmt.
Im zweiten Teil sollst du dann selbst zum „Definator" werden.

1. (1) Ein Parallelogramm ist ein Rhombus genau dann, wenn alle Seiten dieses Vierecks gleich lang sind.
   (2) Jedes Rechteck mit vier gleich langen Seiten ist ein Quadrat.
   (3) Ein Parallelogramm mit zwei Paaren zueinander paralleler Gegenseiten heißt Rhombus.
   (4) Ein Rhombus mit einem rechten Winkel heißt Quadrat.

Arbeite genau, denn schon ein kleines Wort lässt die Definition wahr oder falsch werden!

2. Finde zu den Vierecken auch andere Definitionen (mindestens 2; siehe Seite 78 und 79): Drachenviereck, Rechteck, Quadrat, Trapez.
Auf Seite 152 kannst du kontrollieren, ob du die Aufgaben richtig gelöst hast.

Sätze zum Viereck
ÜBUNGEN

▪ Übung 3: Das Drama des Beweises ▪

Hier findest du einen alten Bekannten wieder: den Lückenbeweis.

Vervollständige diesen Beweis richtig:
Ein Parallelogramm ist ein Rhombus genau dann, wenn die Diagonalen aufeinander senkrecht stehen.

Aussage 1:

Wenn ein Parallelogramm ein Rhombus ist, stehen die Diagonalen

_____ aufeinander.

Voraussetzung: ABCD sei ein Rhombus, also gilt: $\overline{AB}$ _____ $\overline{BC}$.

Behauptung: _____

Beweis: Es gilt: $\overline{AB}$ _____ $\overline{BC}$ (nach Voraussetzung);

$\overline{BM} \cong \overline{DM}$, $\overline{AM} \cong$ _____ (im Parallelogramm halbieren die Diagonalen einander).

Daraus folgt:

$\triangle ABM \cong \triangle CBM$ und $\sphericalangle AMB \cong \sphericalangle$ _____

Diese Winkel sind Nebenwinkel. So ist jeder von ihnen ein rechter Winkel. Die Diagonalen stehen senkrecht aufeinander.

Soll dir MacCool mit einigen Stichpunkten helfen? Dann schau in die Rauten! Ein Begriff ist allerdings jeweils überflüssig!

Aussage 1:
- senkrecht
- CMB
- =
- CM
- < AMB
- =
- AC ⊥ BD

Aussage 2:

Wenn im Parallelogramm die Diagonalen senkrecht aufeinander stehen, ist das Parallelogramm ein Rhombus.

Voraussetzung: $\overline{AC}$ _____ $\overline{BD}$.

Behauptung: ABCD ist ein Rhombus.

Beweis: Es gilt: $\overline{AM}$ _____ $\overline{CM}$; $\sphericalangle AMB \cong \sphericalangle$ _____; $\overline{BM} \cong \overline{DM}$

und damit $\triangle AMB \cong$ _____

Daraus folgt: _____

Aussage 2:
- CMB
- < AMB = < CMB
- △ CMB
- =
- ⊥
- AB = CB

4. Berechnungen am Viereck

Allgemeines Viereck:
$u = a + b + c + d$
$A = A_1 + A_2$

Allgemeines Viereck:

Modell:

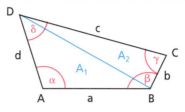

Umfang:
$u = a + b + c + d$
Flächeninhalt:
$A = A_1 + A_2$

Trapez:
$u = a + b + c + d$
$A = \frac{a+c}{2} \cdot h = m \cdot h$
$m = \frac{a+c}{2}$

Trapez:

Modell:

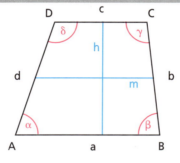

Umfang:
$u = a + b + c + d$
Flächeninhalt:
$A = \frac{a+c}{2} \cdot h = m \cdot h$
m = Mittellinie
(arithmetisches Mittel der beiden Parallelen a und c); $m = \frac{a+c}{2}$

Besonderheit: Für das gleichschenklige Trapez vereinfacht sich die Umfangsformel geringfügig, da dann zwei Seiten kongruent sind: $u = a + 2b + c$.

Drachenviereck:
$u = 2(a + b)$
$A = \frac{1}{2} ef$

Drachenviereck:

Modell:

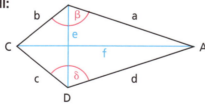

Umfang:
$u = 2(a + b)$
Flächeninhalt:
$A = \frac{1}{2} ef$

Parallelogramm:
$u = 2(a + b)$
$A = a \cdot h_a = b \cdot h_b$

Parallelogramm:

Modell:

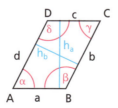

Umfang:
$u = 2(a + b)$
Flächeninhalt:
$A = ah_a = bh_b$

Berechnungen am Viereck
GRUNDLAGEN

Rhombus:

Modell:

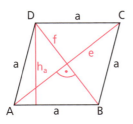

Umfang:
u = 4a

Flächeninhalt:
$A = \frac{ef}{2} = ah_a$

Rhombus:
u = 4a
$A = \frac{e \cdot f}{2} = a \cdot h_a$

Wegen der Orthogonalität der Diagonalen des Rhombus gilt nach dem Satz des Pythagoras:
$a^2 = (\frac{e}{2})^2 + (\frac{f}{2})^2$ $a^2 = \frac{e^2}{4} + \frac{f^2}{4}$

Rechteck:

Modell:

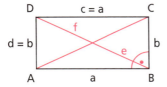

Umfang:
u = 2(a + b)

Flächeninhalt:
A = ab

Rechteck:
u = 2 (a + b)
A = a · b

Die Länge der Rechteckdiagonalen erhältst du über den pythagoreischen Lehrsatz:
$e = \sqrt{a^2 + b^2}$ e = f

Quadrat:

Modell:

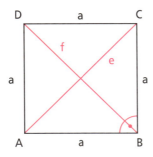

Umfang:
u = 4a

Flächeninhalt:
$A = a^2$
$A = \frac{e^2}{2}$

Quadrat:
u = 4a
$A = a^2 = \frac{e^2}{2}$

Die Länge der Diagonalen ist aus einem der rechtwinklig-gleichschenkligen Dreiecke über den pythagoreischen Lehrsatz bestimmbar.
$e = a\sqrt{2}$ e = f

▪ Übung 1: Rechteck und Quadrat ▪

Quadrate

1. Berechne die jeweils gesuchten Größen der folgenden Quadrate:
   a) geg.: a = 3 cm   ges.: u, A, e
   b) geg.: A = 36 m²   ges.: u, a, e
   c) geg.: u = 46 km   ges.: A, a, e
   d) geg.: a = 1,7 cm   ges.: u, A, e
   e) geg.: A = 121 mm²   ges.: u, a, e
   f) geg.: u = 9,6 cm   ges.: A, a, e

Auf Seite 83 findest du alles, um diese Übung zu bewältigen.

2. In einem Möbelwerk sollen rechteckige Tischplatten gefertigt werden. Berechne Inhalt und Umfang für:
   a) Couchtisch: 2,5 m lang und 1,7 m breit
   b) Küchentisch: 1,85 m lang und 122 cm breit
   c) Esstisch: 3,0 m lang und 2,6 m breit
   d) Vereinstisch: 15,23 m lang und 4,68 m breit

Zusammengesetzte Figuren aus Rechteck und Quadrat

3. Berechne jeweils den Flächeninhalt der folgenden Figuren. Die Zahlenangaben an den Figuren entsprechen der Einheit cm (z. B.: 6 ≙ 6 cm).
   a) Beispiel: Zerlege in dir bekannte Figuren
      I. Rechteck: 6 · 3 = 18, II. Rechteck: 6 · 2 = 12, III. Rechteck: 1 · 2 = 2
      Figur insgesamt: 18 cm² + 12 cm² + 2 cm² = 32 cm²

Findest du deine Ergebnisse in den Blättern?

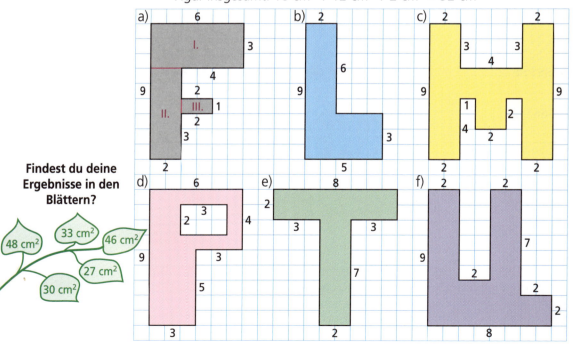

48 cm²   33 cm²   46 cm²   27 cm²   30 cm²

84

Berechnungen am Viereck
ÜBUNGEN

Übung 2: Vierecke – mehr als nur vier Ecken

1. Vervollständige die Tabelle über das Parallelogramm.

Parallelogramm

	a	b	h_a	h_b	A	u
a)	4 cm	5 cm			10 cm²	
b)		1,75 cm	2 cm			17,5 cm
c)	4,5 cm		8 cm	4,5 cm		
d)		8,96 cm			112 cm²	53 cm
e)	16 cm			3,2 cm		72 cm
f)		2 cm	8 cm		17,6 cm²	

2. Vervollständige die Angaben über das Drachenviereck.

Drachenviereck

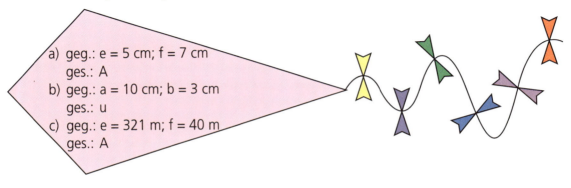

a) geg.: e = 5 cm; f = 7 cm
   ges.: A
b) geg.: a = 10 cm; b = 3 cm
   ges.: u
c) geg.: e = 321 m; f = 40 m
   ges.: A

3. Die Luftballons haben sich in Vierecke verwandelt.
Berechne entsprechend der Viereckfigur die gesuchten Größen.

Vierecke

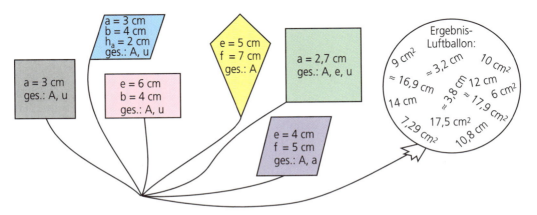

85

5. Viereckskonstruktionen

Jedes Viereck lässt sich aus fünf gegebenen Stücken konstruieren. Soll es ein spezielles Viereck sein, verringert sich die Anzahl der vorzugebenden Stücke.

Allgemeines Viereck aus fünf Stücken

Allgemeines Viereck:

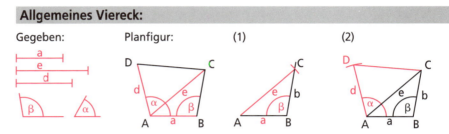

Viereckskonstruktionen mit: Zirkel, Lineal, Winkelmesser, Bleistift

Die Konstruktion von Vierecken kann man auf die Konstruktion von Dreiecken zurückführen, da ein Viereck durch eine Diagonale stets in zwei Dreiecke zerlegt werden kann.
(1) Konstruiere aus den Stücken a, e und β das Dreieck ABC.
(2) Trage in A an den Strahl $\overline{AB}$ den Winkel α an.
Zeichne um A einen Kreis mit dem Radius d. Seinen Schnittpunkt mit dem freien Schenkel des Winkels bezeichnest du mit D. Verbinde die Punkte D und C. Das Viereck ABCD ist das gesuchte Viereck.

Gleichschenkliges Trapez aus drei Stücken

Gleichschenkliges Trapez:

(1) Trage an die Strecke $\overline{AB}$ den Winkel α an.
Trage dann den Schenkel $\overline{AD}$ ab.
(2) Zeichne durch D eine Parallele zu $\overline{AB}$. Trage anschließend von B aus die Strecke $\overline{BC}$ an.

Viereckskonstruktionen
GRUNDLAGEN

Parallelogramm:

Parallelogramm aus drei Stücken

Gegeben: Planfigur: (1) (2)

(1) Trage an die Strecke $\overline{AB}$ den Winkel α an. An diesem Strahl kannst du die Länge $\overline{AD}$ abtragen. Du erhältst dann den Punkt D.

(2) Zeichne zu $\overline{AB}$ und zu $\overline{AD}$ jeweils eine Parallele durch den Punkt D bzw. B. Der Schnittpunkt, der entsteht, ist der Punkt C.

Rhombus:

Rhombus aus zwei Stücken

Die Konstruktion des Rhombus verläuft ähnlich wie die des Parallelogramms; hier ist aber nur die Angabe einer Seitenlänge nötig.

Rechteck:

Rechteck aus zwei Stücken

Gegeben: Planfigur: (1) (2)

(1) Zeichne die Strecke $\overline{AB}$. Errichte in A die Senkrechte. Trage auf ihr die Länge der Strecke $\overline{AD}$ ab und du erhältst den Punkt D.

(2) Zeichne nun entweder die entsprechenden Diagonalen oder errichte die Senkrechten und du erhältst den Punkt C.

Quadrat:

Quadrat aus einem Stück

Gegeben: Planfigur: (1) (2)

(1) Du konstruierst die Diagonale e und erhältst die Punkte A, C.

(2) Halbiere diese Diagonale, und zeichne die Mittelsenkrechte ein. Trage jeweils die Hälfte der Diagonale e an. Verbinde schließlich die Punkte A, B, C, D zu den Strecken $\overline{AB}$, $\overline{CD}$, $\overline{BC}$ und $\overline{AD}$.

■ Übung 1: Um vier Ecken gedacht ■

Ist der Bleistift gespitzt? Denn nun hast du Gelegenheit, deine Zeichenkünste zu zeigen.

Gleichschenkliges Trapez

1. Konstruiere ein gleichschenkliges Trapez aus:
   a) $a = 6{,}8$ cm, $c = 5$ cm, $h = 3{,}4$ cm
   b) $a = 5{,}7$ cm, $b = 3{,}4$ cm, $c = 2{,}8$ cm
   c) $a = 7$ cm, $c = 4{,}6$ cm, $f = 6{,}4$ cm

Parallelogramm

2. Konstruiere ein Parallelogramm aus:
   a) $a = 7$ cm, $b = 5{,}3$ cm, $e = 10$ cm
   b) $a = 7{,}5$ cm, $e = 9$ cm, $h_a = 3{,}7$ cm
   c) $a = 6$ cm, $b = 5$ cm, $\alpha = 120°$

Rhombus

3. Zeichne die Rhomben:
   a) $a = 5$ cm, $\alpha = 60°$
   b) $e = 7$ cm, $a = 9$ cm
   c) $e = 4{,}6$ cm, $h = 3$ cm

Drachenviereck

4. Konstruiere einen Drachen aus:
   a) $a = 5$ cm, $b = 3$ cm, $e = 6$ cm
   b) $a = 6$ cm, $e = 8$ cm, $\beta = 70°$

Rechteck

5. Konstruiere ein Rechteck aus:
   a) $a = 3$ cm, $b = 8$ cm
   b) $e = 10$ cm, $a = 6$ cm
   c) $f = 5$ cm, $a = 3$ cm

Quadrat

6. Konstruiere aus folgenden Stücken ein Quadrat:
   a) $a = 6$ cm
   b) $e = 8$ cm
   c) $f = 6{,}6$ cm

Viereckskonstruktionen
ÜBUNGEN

▪ Übung 2: Konstruktionen aus Stücken ▪

1. Welche Figur lässt sich aus den folgenden Stücken konstruieren? Probiere es selbst aus.

a) a = 6 cm
b) a = 5 cm, α = 45°, β = 135°
c) a = 6 cm, b = 5,5 cm, c = 8 cm, d = 9 cm
d) a = 3 cm, b = 4 cm, c = 5 cm
e) α = 30°, β = 40°, γ = 160°, δ = 130°, a = 8 cm
f) a = 5 cm, b = 4 cm
g) a = 6 cm, α = 80°, γ = 80°
h) a = 7 cm, b = 5,3 cm, e = 10 cm

Skizziere dir jeweils eine Planfigur. Dann fällt dir die Entscheidung leichter.

2. Prüfe die Planfiguren. Kann man aus den farbig gegebenen Stücken ein Viereck konstruieren?

Schau dir auch alle bisherigen Konstruktionen von Seite 86/87 an.

a) allgemeines Viereck

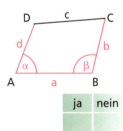

ja   nein

b) Drachenviereck

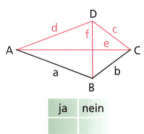

ja   nein

c) Quadrat

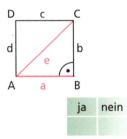

ja   nein

d) Trapez

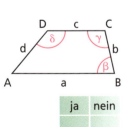

ja   nein

e) Rechteck

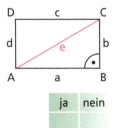

ja   nein

f) Parallelogramm

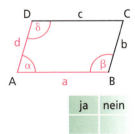

ja   nein

Abschlusstest IV

Sicher weißt du schon, was dich auf diesen zwei Seiten erwartet. Wie auch in den bisherigen Kapiteln sollen deine Kenntnisse, diesmal zu den Vierecken, zusammenfassend überprüft werden.

Denke an Seite 66! Dort kannst du dir Hilfe holen, falls du überhaupt nicht weiterkommst.

1. Skizziere:
   a) ein überschlagenes Vieleck,
   b) ein konkaves Vieleck,
   c) ein konvexes Vieleck,
   d) ein regelmäßiges Vieleck.

Vergleiche deine Skizzen mit denen im Lösungsteil.

Stimmen sie überein? Dann gibt es 4 Punkte.

Zeichne die Skizzen in dein Heft.

2. Vervollständige die Tabelle zu den Vierecken richtig.

Figur	Darstellung (Skizzen)	A	u	Besonderheit
Quadrat				
		$A = a \cdot b$		
Rhombus				
		$A = a \cdot h_a$		
		$A = \frac{1}{2} ef$		
			$u = a + 2b + c$	$b = d$
Trapez				
		$A = A_1 + A_2$		

Hier gibt es insgesamt 8 Punkte.

Fünf fehlende Winkel sind zu bestimmen.

3. Berechne die fehlenden Winkel.

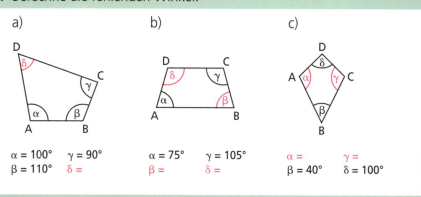

a) $\alpha = 100°$ $\gamma = 90°$
   $\beta = 110°$ $\delta =$

b) $\alpha = 75°$ $\gamma = 105°$
   $\beta =$ $\delta =$

c) $\alpha =$ $\gamma =$
   $\beta = 40°$ $\delta = 100°$

Für die richtige Bestimmung jedes Winkels bekommst du 1 Punkt.

Vielecke und Vierecke
ABSCHLUSSTEST IV

4. Berechne den Flächeninhalt der folgenden Figur.
Die Zahlenangaben an der Figur entsprechen cm (z. B.: 4 ≙ 4 cm).

Zusammengesetzte Figur

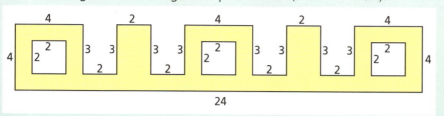

Richtig gerechnet? Dann gibt es 9 Punkte.

5. Ein Rechteck hat einen Flächeninhalt von 58 cm². Eine Seite ist 7,25 cm lang. Berechne die anderen Seiten.
Konstruiere dieses Rechteck!
Um das Rechteck soll ein Zaun gespannt werden. Wie viel Zentimeter Zaun sind dazu nötig?

Rechteck

Hier gibt es 6 Punkte, vorausgesetzt, alle deine Lösungen stimmen.

6. Bauer Fred muss im Frühjahr eine rechteckige Fläche (e = 85 m, b = 51 m) und eine quadratische (a = 98 m) bestellen.
Pro m² kostet ihn dies 5 Pfennig. Welche der beiden Flächen ist teurer zu bestellen?

Rechteck und Quadrat

Für die richtige Lösung kannst du dir 4 Punkte gutschreiben.

7. Im Stadtpark soll ein quadratisches Beet mit einer Fläche von 144 m² mit Randsteinen eingefasst werden. Ein Stein ist 25 cm lang. Wie lang ist eine Seite? Wie viele Steine sind für die Randeinfassung pro Seite nötig?

Quadrat

Ist die Lösung richtig? Dann erhältst du 3 Punkte.

8. Zusammengesetzte Konstruktionen:
   a) Zeichne ein Quadrat (a = 8 cm).
   b) Setze auf das Quadrat ein gleichschenkliges Dreieck
       (a = $\overline{AB}$ = 8 cm, $\overline{BC}$ = 5 cm).
   c) Setze unter das Quadrat ein Rechteck (a = 8 cm, b = 10 cm).

Zusammengesetzte Konstruktionen

Hast du dein Häuschen? Dann gibt es 8 Punkte.

Auswertung des Tests

47 – 41 Punkte: Sehr gut! Mit Riesenschritten gehts zum nächsten Kapitel!
40 – 33 Punkte: Gut! Aber übe noch konzentrierter!
32 – 0 Punkte: Zurück zu Seite 66! Mit diesem Wissen kannst du leider noch nicht weiterarbeiten!

ICH GLAUB, ICH DREH MICH IM KREIS
Kreise

1. Kreise und Geraden

Kreis:

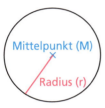

Radius eines Kreises (r)

Definition: Kreis

Der Kreis (die Kreislinie) ist die Menge aller Punkte einer Ebene, die von einem festen Punkt dieser Ebene den gleichen Abstand haben. Der feste Punkt ist hierbei der „Mittelpunkt M" des Kreises. Jede Strecke vom Kreismittelpunkt zu einem Punkt der Kreislinie heißt „Radius" (r).

 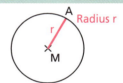

Bezüglich eines Kreises unterscheidet man:
(1) Punkte innerhalb eines Kreises,
(2) Punkte auf dem Kreis,
(3) Punkte außerhalb des Kreises.

Sehne

Durchmesser (d):
$d = 2 \cdot r$

Definition: Sehne und Durchmesser

Jede Strecke $\overline{AB}$, deren Endpunkte A und B auf einem Kreis liegen, heißt „Sehne" dieses Kreises.
Jede Sehne durch den Mittelpunkt M eines Kreises wird Durchmesser d genannt.

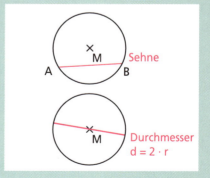

Kreise und Geraden
GRUNDLAGEN

Symmetrieverhältnisse am Kreis:

Jeder Kreis ist axialsymmetrisch. Symmetrieachse ist jede Gerade durch den Mittelpunkt.

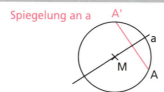

Jeder Kreis ist radialsymmetrisch. Symmetriezentrum ist der Mittelpunkt.

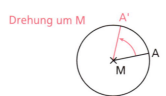

Lagemöglichkeiten von Kreis und Gerade:

1. Die Gerade schneidet den Kreis. Jede Gerade durch zwei Punkte der Kreislinie heißt „Sekante".

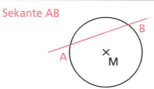

2. Die Gerade berührt den Kreis. Jede Gerade, die mit dem Kreis genau einen Punkt gemeinsam hat, heißt „Tangente" dieses Kreises. Den gemeinsamen Punkt A von Gerade und Kreis nennt man „Berührungspunkt". Die Verbindungsstrecke $\overline{AM}$ heißt dann „Berührungsradius".

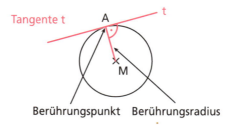

3. Die Gerade meidet den Kreis; Kreis und Gerade haben also keinen Punkt gemeinsam. Diese Gerade bezeichnet man als „Passante".

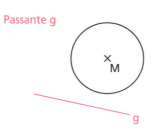

■ Übung 1: Sätze-Chaos ■

Hast du dir von den Seiten 92 und 93 alles gut eingeprägt?

MacCool konnte sich die Definitionen und Sätze nicht genau merken. Daher hat er einiges durcheinandergebracht, als er sie noch einmal aufschreiben wollte.
Findest du – ohne nachzuschauen – heraus, welcher Satz nun wahr oder falsch ist?

Lies dir jeden Satz genau durch.

Kreuze dann in der rechten Spalte an, ob die Aussage wahr oder falsch ist.

Ordne nun die Buchstaben der Reihe nach in die unteren Kästchen.

	wahr	falsch
1. Der Kreis ist eine ebene geschlossene Figur.	g	k
2. Jede Strecke im Kreis heißt Radius.	r	e
3. Alle Punkte auf der Kreislinie haben vom Mittelpunkt M den gleichen Abstand.	o	a
4. Als Kreisfläche bezeichnet man die Fläche „innerhalb" des Kreises, ohne die Kreislinie.	n	m
5. Der Durchmesser eines Kreises ist das Doppelte des Radius dieses Kreises.	e	f
6. Geht eine Sehne durch den Mittelpunkt M eines Kreises, nennt man diese auch Durchmesser.	t	e
7. Eine Gerade kann mit der Kreislinie höchstens drei Punkte gemeinsam haben.	l	r
8. Jeder Kreis ist axialsymmetrisch und radialsymmetrisch.	i	u
9. Die Symmetrieachse in einem Kreis kann jede beliebige Sehne dieses Kreises sein.	p	s
10. Die Sehne ist Teil der Sekante.	c	m
11. Berührungsradius und Tangente eines Kreises stehen senkrecht aufeinander.	h	o
12. Eine Passante kann den Kreis in nur einem Punkt schneiden.	k	g
13. Die Sekante hat genau zwei Punkte mit der Kreislinie gemeinsam.	u	i
14. Der Kreis ist radialsymmetrisch; der Mittelpunkt ist das Symmetriezentrum.	t	k

Konntest du das Chaos ordnen? Dann sage ich dir, wie du bist:

Hast du die Lösung herausgefunden?

1	2	3	4	5	6	7	8	9	10	11	12	13	14	!

Kreise und Geraden
ÜBUNGEN

■ Übung 2: Bezeichnen und Zeichnen ■

Du hast auf den Seiten 92 und 93 verschiedene Bezeichnungen am und im Kreis kennen gelernt.
Jetzt sollst du beweisen, ob du sie erkennen und richtig zuordnen kannst.

1. Sieh dir die Kreisskizzen genau an.
Schreibe jeweils die richtige geometrische Bezeichnung für die farbig eingetragenen Zeichen darunter.

Geometrische Bezeichnungen

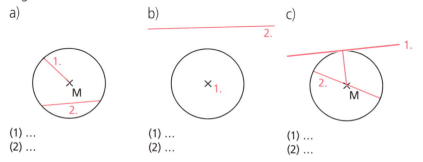

a)
(1) ...
(2) ...

b)
(1) ...
(2) ...

c)
(1) ...
(2) ...

2. Nun sollst du selbst zeichnen. Entwerfe zu jeder Aufgabe einen Kreis beliebigen Durchmessers.

Geometrische Zeichnungen

(1) Tangente mit Berührungsradius (2) Sekante

(3) Durchmesser   (4) mindestens drei Radien

(5) Spiegelachse   (6) mindestens vier Passanten

Vergleiche deine Lösungen mit denen im Lösungsteil.

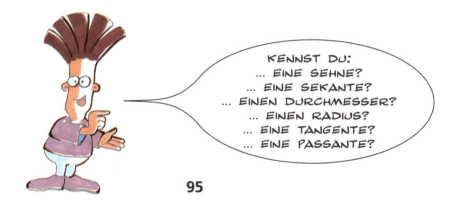

2. Sätze zum Kreis

Kreis und Winkel:

Peripheriewinkel

Winkel, deren Scheitelpunkt auf der Kreislinie liegt und deren Schenkel den Kreis schneiden, heißen „Umfangswinkel" oder „Peripheriewinkel".
(Kreislinie = Kreisperipherie)

α ist Peripheriewinkel

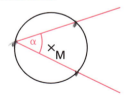

Zentriwinkel

Winkel, deren Scheitelpunkt der Kreismittelpunkt ist, bezeichnet man als „Mittelpunktswinkel" oder „Zentriwinkel".

α ist Zentriwinkel

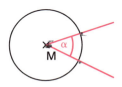

Sehnentangentenwinkel

Sehnentangentenwinkel heißt jeder Winkel, dessen Scheitel auf einem Kreis liegt, dessen einer Schenkel den Kreis schneidet und dessen anderer Schenkel auf einer Tangente des Kreises liegt.

α ist Sehnentangentenwinkel

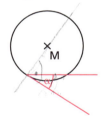

Peripheriewinkel-Satz

Peripheriewinkel-Satz

Peripheriewinkel über derselben Sehne eines Kreises sind gleich groß.
Beweis: Sehnenviereck-Satz über Gegenwinkel eines Sehnenvierecks.

$\alpha = \alpha'$

Sätze zum Kreis
GRUNDLAGEN

Zentriwinkel-Peripheriewinkel-Satz

Jeder Zentriwinkel ist doppelt so groß wie jeder Peripheriewinkel über derselben Sehne.
Beweis: Fallunterscheidung
Fall 1:   **Fall 2:**   **Fall 3:**

Zentriwinkel-Peripheriewinkel-Satz

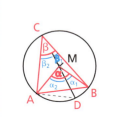
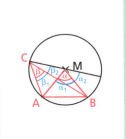

Zentriwinkel-Sehnentangentenwinkel-Satz

Jeder Zentriwinkel ist doppelt so groß wie der zugehörige Sehnentangentenwinkel.
Jeder Peripheriewinkel ist genauso groß wie ein zugehöriger Sehnentangentenwinkel.

Zentriwinkel-Sehnentangentenwinkel-Satz

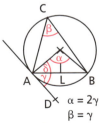

$\alpha = 2\gamma$
$\beta = \gamma$

Satz des Thales

Jeder Peripheriewinkel über einem Durchmesser eines Kreises ist ein rechter Winkel.

Umkehrung des Satzes von Thales

Der Scheitel C des rechten Winkels eines jeden rechtwinkligen Dreiecks ABC liegt auf dem Kreis um den Mittelpunkt von $\overline{AB}$ mit dem Radius $\overline{MA}$.
Beweis: siehe Seite 158.

Satz des Thales

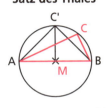

$< ACB = < AC'B = 90°$

■ Übung 1: Kreise und Winkel ■

Wenn du dir ein Stück Torte nimmst, hast du dann einen Peripherie- oder einen Zentriwinkel herausgeschnitten?

Im Folgenden will MacCool wissen, ob du dir die beiden vorausgegangenen Seiten genau durchgelesen und eingeprägt hast.

1. Benenne die folgenden speziellen Winkel im Kreis.

a)   b) 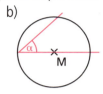 c) 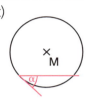 d)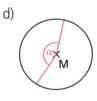

2. Zeichne die genannten Winkel richtig in den vorgegebenen Kreis ein.

a)   b)  c)   d)

Sehnentangentenwinkel | Zwei Peripheriewinkel über derselben Sehne des Kreises | Zentriwinkel | Peripheriewinkel

■ Übung 2: Falschaussagen und Lücken ■

Zentriwinkel-Sehnentangentenwinkel-Satz

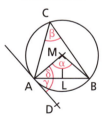

Schau dir die Skizze genau an und entscheide erst dann!

MacCool hat dir die beiden Beweise der Sätze: Zentriwinkel-Sehnentangentenwinkel-Satz und Satz des Thales aufgeschrieben. Jetzt musst du einen Beitrag für deren Richtigkeit leisten.

1. Korrigiere die falschen Aussagen.

Beweis des Zentriwinkel-Sehnentangentenwinkel-Satzes:
Voraussetzung: Der Winkel $AMB = \beta$ ist ein Zentriwinkel in dem Kreis mit dem Mittelpunkt M, der Winkel ACB = β sei ein zugehöriger *Zentriwinkel* und der Winkel $BAD = \alpha$ ein zugehöriger Sehnentangentenwinkel.
Behauptung: Der Winkel α ist doppelt so groß wie der zugehörige Sehnentangentenwinkel γ.

Sätze zum Kreis
ÜBUNGEN

Beweis:
Der Mittelpunkt von $\overline{AB}$ sei L. Da das *Viereck* ABM gleichschenklig verläuft, ist die Gerade $\overline{ML}$ *Winkelhalbierende* von $\overline{AB}$ und Winkelhalbierende von *β*.
Es ist ∢ LAM = δ.
Da der Radius $\overline{MA}$ *schief* auf $\overline{AD}$ steht, gilt: *α + δ = 90°*.
Da das Dreieck MLA rechtwinklig ist, gilt: $\frac{\alpha}{2} + \delta = 100°$.
Daraus folgt: $\gamma = \frac{\alpha}{2}$ bzw. *α = 2β*.
Damit ist der Zentriwinkel-*Sehnengeradenwinkel*-Satz bewiesen.
Aus $\beta = 2\alpha$ (Zentriwinkel-Peripheriewinkel-Satz) folgt:
$2\beta = 2\gamma$ bzw. $\alpha = \gamma$.
Damit ist auch der Peripheriewinkel-Sehnentangentenwinkel-Satz bewiesen.

Konntest du die richtigen Lösungen des Rades den richtigen Stellen zuordnen?

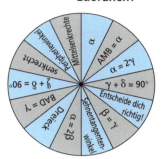

2. Fülle die Lücken richtig aus.

Beweis des Satzes von Thales:

Voraussetzung: Der Winkel ACB ist ein _____ in einem Kreis mit dem Mittelpunkt _____ über dem Durchmesser _____.

Behauptung: Der _____.

Beweis:

Die _____ der Strecke $\overline{AB}$ schneide den Kreis in C', wobei C' mit C auf derselben Seite der _____ liege. Die Dreiecke

_____ sind gleichschenklig-rechtwinklige Dreiecke, die bezüglich der Geraden MC' spiegelbildlich liegen. Da die _____ - winkel _____ Dreiecke stets _____

betragen, ist der Winkel AC'B ein rechter Winkel. Wegen des Peripheriewinkel-Satzes ist dann auch der Winkel ACB ein

_____ Winkel.

Satz des Thales

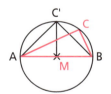

Diesen „Lückenbeweis" bewältigst du auch ohne Vorgabe von Lösungshilfen.

Der Lösungsteil zeigt dir, ob du die Lücken nahtlos geschlossen hast.

3. Konstruktionen des Kreises

Konstruktion eines Kreises

Konstruktion eines Kreises:

1. Nimm den gegebenen Längenradius in die Zirkelspanne, indem du diese vom Lineal „überträgst". Lege dir einen Mittelpunkt M fest. Trage um diesen Punkt mit dem Zirkel den Kreis ab.

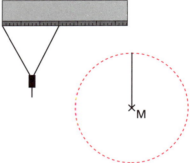

2. Durch drei Punkte, die nicht auf einer Geraden liegen, kann man genau einen Kreis konstruieren. Dazu bringt man die Mittelsenkrechten zweier Sehnen zum Schnitt.

Gegeben:

  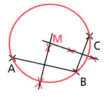

Tangente in einem Punkt A eines Kreises

Tangente in einem Punkt A eines Kreises:

Gegeben:

 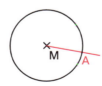 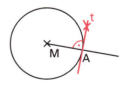

Die Tangente wird durch das Errichten der Senkrechten t auf die Gerade $\overline{MA}$ in A konstruiert. Diese Konstruktion ist eindeutig.

Konstruktionen des Kreises
GRUNDLAGEN

Tangente von einem Punkt P außerhalb eines Kreises:

(1) Mittelpunkt N der Strecke $\overline{PM}$
(2) Kreis um N mit r = $\overline{MN}$
    Geraden PA; PA'

Gegeben: (1) 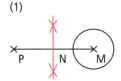   (2)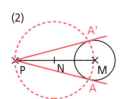

Tangente von einem Punkt P außerhalb eines Kreises

Gemeinsame innere und äußere Tangenten zweier Kreise:

Hier kannst du dich über innere und äußere Tangenten zweier Kreise informieren. Besonders Pfiffige unter euch können versuchen, die Konstruktionsgeheimnisse zu lüften und die Zeichnungen nachzuvollziehen.

Gemeinsame innere und äußere Tangenten zweier Kreise

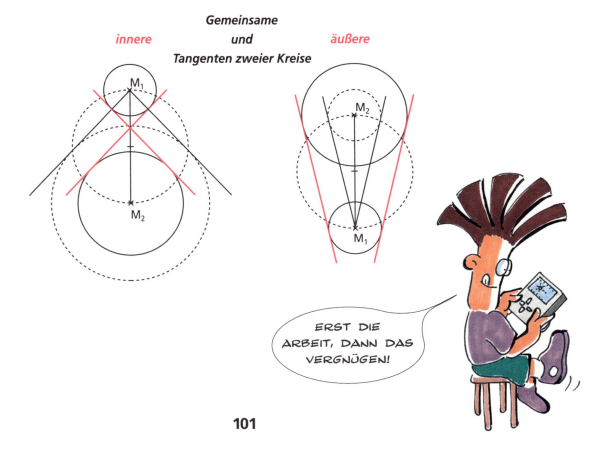

Gemeinsame *innere* und *äußere* Tangenten zweier Kreise

ERST DIE ARBEIT, DANN DAS VERGNÜGEN!

▪ Übung 1: Kreiskonstruktionen ▪

Konstruktions-beschreibung

Gib eine Konstruktionsbeschreibung an für:
Tangente von einem Punkt P außerhalb eines Kreises.
Fertige auch die entsprechenden Arbeitsskizzen an.
Denke dabei an die geometrisch richtige Wortwahl!

▪ Übung 2: Entspannungs-Zeichenübung ▪

Konstruktions-anwendungen

1. Hast du dich heute schon von deiner kreativen Seite gezeigt?
Auf jeden Fall hast du jetzt die Gelegenheit, dich als „Musterzeichner" zu beweisen!
Zeichne die folgenden Muster:

 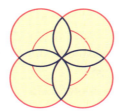 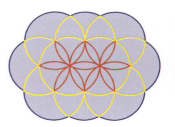

Kannst du selbst noch Kreismuster entwerfen?

Auf Seite 156 des Lösungsteils erfährst du, ob du richtig „liegst".

2. Du siehst hier verschiedene Kreise.
Ordne sie durch Schätzen der Reihe nach ein. Die richtige Reihenfolge kannst du nachprüfen, indem du die Kreise nachmisst.

Stimmt dein geschätztes Ergebnis mit dem gemessenen überein?

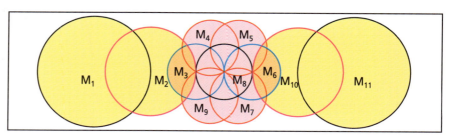

102

Konstruktionen des Kreises
ÜBUNGEN

3. Jetzt kannst du mit Leichtigkeit Kreise zeichnen. Dabei wird es dir sicher nicht schwer fallen, ein Wurfspiel selbst herzustellen.
Überlege dir, in welchem Abstand die Kreisringe zueinander liegen sollen. Das Foto einer Wurfscheibe wird dir das Arbeiten erleichtern.

■ Übung 3: Satz-Kreis-Wahrheiten ■

Kontrolliere die folgenden Sätze auf ihren Wahrheitsgehalt. Kannst du falsche Aussagen richtigstellen?

1. Jeder beliebige Radius eines Kreises ist Symmetrieachse dieses Kreises.
2. Eine Sehne ist eine Strecke innerhalb des Kreises, deren Endpunkte auf dem Kreis liegen.
3. Peripheriewinkel sind immer gleich groß.

Müssen nicht zwei Aussagen berichtigt werden?

■ Übung 4: Kreiszeichnen ■

Zeichne die Kreise und führe dabei folgende Aufgabenstellungen durch:
1. Tangente in einem Punkt eines Kreises
   a) r = 4 cm
   b) d = 4 cm

Lösungen findest du auf Seite 156/157.

2. Tangente von einem Punkt P außerhalb des Kreises
   a) d = 5 cm
   b) r = 2 cm

4. Berechnungen am Kreis

Umfang eines Kreises:
$u = \pi \cdot d$
$u = 2 \cdot r \cdot \pi$

Umfang eines Kreises:

Für die Länge des Umfangs u eines Kreises vom Durchmesser d kann man die Umfangslängen einbeschriebener und umbeschriebener Vielecke als Schranken angeben.

Beispiel:
regelmäßige Sechsecke:
$u_i = 3 \cdot d$ (einbeschriebenes Sechseck);
$u_a = 2 \cdot d \cdot \sqrt{3}$ (umbeschriebenes Sechseck).
Für den Umfang des Kreises gilt:
$3 \cdot d < u < 2 \cdot d \cdot \sqrt{3}$ (< 3,46 d).
Der Kreisumfang lässt sich durch einen Faktor multipliziert mit d darstellen. Dieser Faktor ist π.
Die Konstante π ist irrational.
Die ersten 40 Stellen von π nach dem Komma lauten:
π = 3,1415926535897932384626433832795028841971 …

Umfang des Kreises: $u = \pi \cdot d$ oder $u = 2 \cdot r \cdot \pi$

Weißt du, wie man sich auch ohne Rechnung helfen kann? Nimm einen Kreis. Bemale die Kreislinie dick farbig. Markiere dir auf dem Kreis den Punkt A und schneide den Kreis anschließend aus. Rolle dann den Kreis auf einer Unterfläche einmal von A zu A ab. Miss die Länge. Fertig!

Flächeninhalt eines Kreises:
$A = \pi \cdot r^2$
$A = (\frac{d}{2})^2 \cdot \pi$

Flächeninhalt eines Kreises:

Auch der Flächeninhalt eines Kreises ergibt sich als Grenzwert der Flächeninhalte der ihm ein- und umbeschriebenen regelmäßigen Vielecke mit der Zahl π als Proportionalitätsfaktor.

Flächeninhalt des Kreises: $A = \pi \cdot r^2$ oder $A = (\frac{d}{2})^2 \cdot \pi$

Kein Kreis kann allein mit Zirkel und Lineal in ein absolut flächengleiches Quadrat verwandelt werden. Die „Quadratur" des Kreises ist demnach unmöglich.

Manchmal wird die Kreisfläche auch als Querschnittsfläche oder auch nur als Querschnitt bezeichnet.

Berechnungen am Kreis
GRUNDLAGEN

Kreisring:

Der Flächeninhalt des Kreisringes zweier konzentrischer Kreise ergibt sich aus der Differenz der beiden Kreisflächen.

$r_1 > r_2$: $A = \pi \cdot (r_1^2 - r_2^2)$

Als konzentrisch bezeichnet man Kreise mit einem gemeinsamen Mittelpunkt. Kreise mit verschiedenen Mittelpunkten werden exzentrisch genannt.

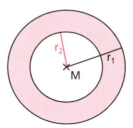

Kreisring:
$A = \pi \cdot (r_1^2 - r_2^2)$

konzentrisch

exzentrisch

Kreisbogen:

(auch Bogenlänge genannt)
Der Kreisbogen ist der Ausschnitt der Kreislinie, der von den beiden Radien r_1 und r_2 des Kreises begrenzt wird.

$b = \frac{\pi}{180°} \cdot \alpha \cdot r$

Kreisbogen:
$b = \frac{\pi}{180°} \cdot \alpha \cdot r$

Kreisausschnitt:

(auch Kreissektor genannt)
Der Kreisbogen und die Schenkel des angegebenen Zentriwinkels α bilden den „Kreisausschnitt".

$A = \frac{b \cdot r}{2} = \frac{\pi \cdot r^2 \cdot \alpha}{360°}$

Kreisausschnitt:
$A = \frac{b \cdot r}{2} = \frac{\pi \cdot r^2 \cdot \alpha}{360°}$

ICH GEBE MAL WIEDER 'NE VERDAMMT GUTE FIGUR AB.

Übung 1: Kreis-Meisterschaften

Berechnungen am Kreis: Das Wissen und die Formeln von den beiden vorausgegangenen Seiten kommen in dieser Übung zum Einsatz.

Flächeninhalt und Umfang

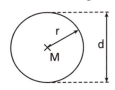

1. Berechne Flächeninhalt und Umfang des Kreises.
   a) r = 4 cm   c) d = 24 m   e) r = 12,5 dm   g) d = 0,4 m
   b) r = 16 mm d) d = 8 km   f) r = 8,2 cm   h) d = 22,2 km
2. Berechne den Radius des Kreises. Gib anschließend auch den Flächeninhalt an.
   a) u = 12 m   b) u = 13,5 km   c) u = 486 cm   d) u = 14 mm
3. Berechne den Radius des Kreises. Bestimme dann den Umfang.
   a) $A = 5{,}5 \text{ km}^2$ b) $A = 1{,}8 \text{ m}^2$ c) $A = 100 \text{ mm}^2$ d) $A = 4{,}8 \text{ km}^2$

Kreisring

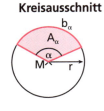

4. Die Radien eines Kreisringes betragen: $r_1 = 12$ m, $r_2 = 8$ m.
   a) Wie groß ist der Flächeninhalt des Kreisringes?
   b) Berechne die Umfangslänge des inneren und des äußeren Kreises insgesamt.
5. Berechne die gesuchten Größen des Kreisausschnittes.
   a) geg.: $A = 25 \text{ cm}^2$, b = 5 cm   ges.: r
   b) geg.: $A = 320 \text{ cm}^2$, r = 1250 mm ges.: α
   c) geg.: b = 14 cm   ges.: A
   d) geg.: b = 15 cm, r = 4 cm   ges.: A
   e) geg.: α = 120°, r = 6 cm   ges.: A
   f) geg.: M = 0 cm, r = 7 cm   ges.: b
   g) geg.: $A = 421 \text{ cm}^2$, b = 3 cm   ges.: r

Kannst du Aufgaben finden, die zu keiner Lösung führen?

Kreisbogen und Kreisausschnitt

Kreisring eines Korbes

Berechnungen am Kreis
ÜBUNGEN

▪ Übung 2: Praktisches Rechnen ▪

MacCool hat wieder in seiner Schatztruhe gewühlt. Und tatsächlich hat er die verschiedensten Aufgaben zum Kreis gefunden.

Wende dein Wissen in der Praxis an!

1. Welchen Durchmesser und welche Querschnittsfläche hat eine Torte von
   a) 53 cm
   b) 105 cm
   c) 2200 mm Umfang?

Führ doch einmal eine Schätzrunde zu deiner nächsten Geburtstagstorte durch!

2. Welchen Durchmesser haben Stahlrohre von
   a) 26 cm^2
   b) 1025 mm^2
   c) 243,1 dm^2 Querschnitt?

3. Wie groß sind Umfang und Flächeninhalt folgender Planetenquerschnitte, wenn der Durchmesser
   a) des Merkurs   5 100 km,
   b) des Mars   6 886 km,
   c) des Neptuns   49 733 km und
   d) des Uranus   53 558 km ist?

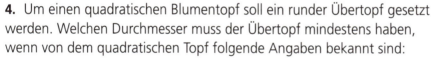

4. Um einen quadratischen Blumentopf soll ein runder Übertopf gesetzt werden. Welchen Durchmesser muss der Übertopf mindestens haben, wenn von dem quadratischen Topf folgende Angaben bekannt sind:
   a) a = 24 cm
   b) e = 28 cm
   c) A = 48 cm^2
   d) u = 92 cm

Welchen Flächeninhalt hat der zugehörige Übertopf im Querschnitt?

5. Im Park soll ein kreisrunder Teich mit kreisrundem Sandufer angelegt werden. Dabei werden zwei Kreise benötigt: r_1 = 20 m, r_2 = 35 m. Der innere Kreis wird mit Wasser gefüllt. Berechne den Flächeninhalt des Kreisringes, der mit Sand aufgefüllt werden soll.

Vergleiche deine Ergebnisse mit dem Lösungsteil auf Seite 157.

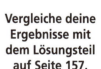

Abschlusstest V

Nach den Grundlagen und Übungen des Kapitels „Kreise" folgt nun das große Finale. Versuche, dein erlerntes Wissen hier anzuwenden.

1. Definiere den Begriff „Kreis".
Für die richtige Definition erhältst du 2 Punkte.

2. Trage die folgenden geometrischen Begriffe grafisch in den jeweils vorgegebenen Kreis ein.

Je 1 Punkt bekommst du für jede richtige Zeichnung.

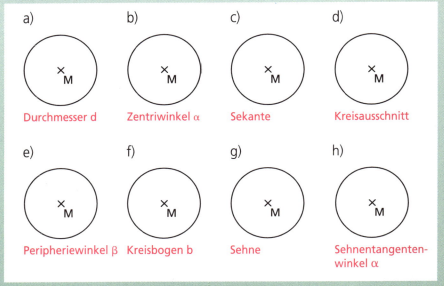

a) Durchmesser d
b) Zentriwinkel α
c) Sekante
d) Kreisausschnitt
e) Peripheriewinkel β
f) Kreisbogen b
g) Sehne
h) Sehnentangentenwinkel α

3. Beantworte die folgenden Fragen geometrisch richtig.
(1) Wie nennt man eine Sehne, die durch den Mittelpunkt M eines Kreises geht?
(2) Wie heißt die Strecke, deren Endpunkte A und B auf einem Kreis liegen?
(3) Wie viele Punkte hat eine Gerade höchstens mit einer Kreislinie gemeinsam?
(4) Wie nennt man die Gerade, die den Kreis in einem Punkt berührt?
(5) Wie heißt die Strecke von M zu einem beliebigen Punkt der Kreislinie?
(6) Wie heißt der Winkel, dessen Scheitelpunkt der Kreismittelpunkt ist?
Findest du zu jeder Frage eine Antwort? Dann erhältst du 6 Punkte.

4. Beweise den Satz des Thales.
Für die richtige Beweisführung gibt es 10 Punkte.

Kreise
ABSCHLUSSTEST V

5. Zeichne:
   a) zwei konzentrische Kreise;
   b) zwei Kreise, die einen Teil ihrer Punkte gemeinsam haben;
   c) zwei Kreise, die keinen Punkt gemeinsam haben.

Und weiter geht es voll im Stress!

Insgesamt sind 3 Punkte möglich.

6. Berechne folgende Kreisringe:
   a) $r_1 = 12$ cm, $r_2 = 6$ cm
   b) $A = 10$ cm², $r_1 = 4$ cm
   c) $r_1 = 0{,}4$ dm, $r_2 = 3{,}5$ cm
   d) $A = 50$ m², $r_2 = 2$ m

Für jede richtig gelöste Aufgabe gibt es 2 Punkte, also insgesamt 8.

7. Zeichne einen Kreis mit $d = 8{,}4$ cm.
Zeichne mindestens zwei Symmetrieachsen und ein Symmetriezentrum ein.

Wenn du alles richtig gezeichnet hast, kannst du dir 2 Punkte gutschreiben.

8. Konstruiere
   a) aus drei dir selbst gewählten Punkten einen Kreis;
   b) an einen Kreis ($d = 2$ cm) eine Tangente durch einen Punkt auf dessen Kreislinie.

Konntest du die beiden Konstruktionen ausführen? Wenn ja, gibts zur Belohnung 6 Punkte.

9. Berechne die jeweils fehlende Größe:
   a) geg.: $\alpha = 120°$, $r = 10$ cm   ges.: Kreisbogen b
   b) geg.: $\alpha = 38°$, $d = 12$ cm   ges.: Fläche des Kreisausschnittes A_α

Lass den Kopf ruhig einmal rauchen!

Falls dein Resultat mit dem Ergebnis im Lösungsteil übereinstimmt, gibt es 2 Punkte.

Auswertung des Tests

47 – 39 Punkte: Du hast dich nicht im Kreis gedreht! Nein, du bist vorangekommen! Also: Mit diesem Super-Ergebnis auf zum nächsten Kapitel!

38 – 30 Punkte: Gut überlegt! Aber du kannst es bestimmt noch besser! Berichtige deine falschen Ergebnisse.

29 – 0 Punkte: Der Kreis lässt dich nicht los! Ordne deine Kenntnisse noch einmal. Zurück zu Seite 92!

GEOMETRISCHE VERWANDTSCHAFTEN

Ähnlichkeit

1. Streckenverhältnisse

Definition: Ähnlichkeit

Ähnlichkeit: Übereinstimmung der Gestalt

Als Ähnlichkeit wird die geometrische Verwandtschaft bezeichnet, die völlige Übereinstimmung der **Gestalt** der Figuren. Dies bedeutet aber nicht, dass die Figuren auch in ihrer Größe übereinstimmen müssen.

Satz: Ähnlichkeit

Längen einander entsprechender Strecken

In ähnlichen Figuren sind die Längen einander entsprechender Strecken zueinander proportional.
Durch Drehung, Spiegelung und Verschiebung lassen sich zueinander ähnliche Figuren stets in „Ähnlichkeitslage" bringen. Bei Figuren in Ähnlichkeitslage verlaufen entsprechende Strecken parallel.

Definition: Streckenverhältnis

Streckenverhältnis:
$s_1 = 6$ cm
$s_2 = 4$ cm
$s_1 : s_2 =$
6 cm : 4 cm = 1,5

Wenn zwei Strecken s_1 und s_2 bei gleicher Längeneinheit die Maßzahlen z_1 und z_2 haben, nennt man den Quotienten $\frac{z_1}{z_2}$ das Streckenverhältnis von s_1 und s_2.
Man schreibt auch: $\frac{s_1}{s_2} = \frac{z_1}{z_2}$ oder $s_1 : s_2 = z_1 : z_2$.
Beispiel:
Die Länge der Strecke s_1 betrage 6 cm, die Länge der Strecke s_2 sei 4 cm. Das Streckenverhältnis beider Strecken beträgt dann:
$s_1 : s_2 = 6 : 4 = 1,5$.

Streckenverhältnisse
GRUNDLAGEN

Strahlenbüschel   Parallelenschar

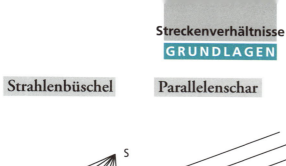

Strahlenbüschel (analog Geradenbüschel, siehe Seite 11)

Parallelenschar (siehe Seite 11)

Definition: Strahlenabschnitte, Parallelenabschnitte

Schneidet eine Parallelenschar ein Strahlenbüschel, so entstehen Strahlenabschnitte und Parallelenabschnitte.

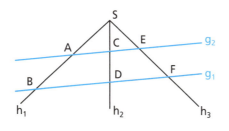

Strahlenabschnitte
auf h_1: $\overline{SA}$, $\overline{SB}$, $\overline{AB}$
auf h_2: $\overline{SC}$, $\overline{SD}$, $\overline{CD}$
auf h_3: $\overline{SE}$, $\overline{SF}$, $\overline{EF}$

Parallelenabschnitte
auf g_1: $\overline{BD}$, $\overline{BF}$, $\overline{DF}$
auf g_2: $\overline{AC}$, $\overline{AE}$, $\overline{CE}$

Beispiele für gleichliegende Strahlenabschnitte
auf h_2 und h_3: $\overline{SC}$ und $\overline{SE}$, $\overline{SD}$ und $\overline{SF}$ sowie $\overline{CD}$ und $\overline{EF}$.

Beispiele für gleichliegende Parallelenabschnitte
auf g_2 und g_1: $\overline{AC}$ und $\overline{BD}$, $\overline{AE}$ und $\overline{BF}$ sowie $\overline{CE}$ und $\overline{DF}$.

Strahlenabschnitte, Parallelenabschnitte

Decke die Übersicht unter der Grafik ab! Bestimme nun selbst Strahlenabschnitte und Parallelenabschnitte.

Übung 1: Verhältnismäßigkeiten

Streckenverhältnisse

Jetzt kannst du wieder zeigen, welche Rechenkünste in dir stecken.

1. Bestimme mithilfe der Zeichnungen die Längenverhältnisse der Strecken $\overline{AB}$ und $\overline{CD}$.
Beispiel: $\frac{\overline{AB}}{\overline{CD}} = \frac{4}{2} = 2$

Anhand der Kästchen kannst du die Länge in Zentimetern bestimmen. Natürlich kannst du diese auch ausmessen.

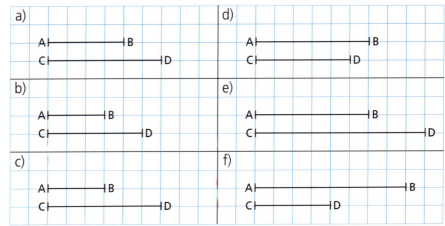

2. Berechne die Längenverhältnisse $\frac{a}{b}$ und $\frac{b}{a}$. Kürze so weit wie möglich. Denke daran, dass du zu jeder Aufgabe auch zwei Ergebnisse erhalten musst.
   a) a = 36 cm
      b = 12 cm
   b) a = 90 cm
      b = 75 cm
   c) a = 120 cm
      b = 2 m
   d) a = 0,5 m
      b = $\frac{3}{4}$ m
   e) a = $\sqrt{32}$ cm
      b = $\sqrt{18}$ cm

3. Zeichne zwei Strecken $\overline{AB}$ und $\overline{CD}$ mit dem Längenverhältnis:
   a) $\frac{\overline{AB}}{\overline{CD}} = \frac{3}{5}$
   b) $\frac{\overline{AB}}{\overline{CD}} = 3$
   c) $\frac{\overline{AB}}{\overline{CD}} = 1{,}5$
   d) $\frac{\overline{AB}}{\overline{CD}} = 0{,}6$
   e) $\frac{\overline{AB}}{\overline{CD}} = 2{,}2$

Bevor du zeichnest, musst du erst einmal rechnen.

4. Es gilt: $\frac{\overline{AB}}{\overline{CD}} = \frac{2}{3}$. Bestimme die fehlende Länge.
   a) $\overline{CD}$ = 27 cm
   b) $\overline{CD}$ = 60 m
   c) $\overline{AB}$ = 80 dm
   d) $\overline{AB}$ = 72 mm

5. Ein Dreieck hat die Seitenlängen a ($\overline{BC}$) = 6 cm, b ($\overline{AC}$) = 5 cm und c ($\overline{AB}$) = 12 cm. Berechne alle sechs Längenverhältnisse. (Gehe immer von zwei Längen in einem Streckenverhältnis aus.)

Streckenverhältnisse
ÜBUNGEN

▪ Übung 2: Schar und Büschel ▪

In der folgenden Zeichnung sollst du Strahlenabschnitte und Parallelenabschnitte richtig zuordnen:

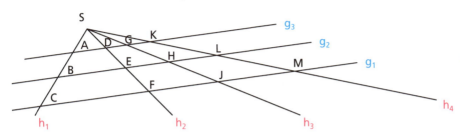

Denke auch an Seite 111! Dort hast du an einem vereinfachten Beispiel geübt.

1. Strahlenabschnitte:

_____

_____

_____

2. Parallelenabschnitte:

_____

_____

_____

3. Gleichliegende Strahlenabschnitte auf h_1 und h_2:

_____

_____

_____

4. Gleichliegende Parallelenabschnitte auf g_1 und g_2:

_____

_____

_____

Im Lösungsteil auf Seite 159 erfährst du, ob deine Ergebnisse richtig sind.

2. Strahlensätze

Satz: Strahlen und Parallelen

1. Abschnitte auf einem Strahl – gleichliegende Abschnitte auf einem anderen Strahl

2. Zwei Parallelenabschnitte zwischen gleichen Strahlen – zugehörige Strahlenabschnitte ein und desselben Strahls

3. Abschnitte auf einer Parallelen – zugehörige Abschnitte auf einer anderen Parallelen

Wird ein Strahlenbüschel von einer Parallelenschar geschnitten, gilt:

1. Teil:
Die Abschnitte auf einem Strahl verhalten sich zueinander wie die gleichliegenden Abschnitte auf einem anderen Strahl.

2. Teil:
Je zwei Parallelenabschnitte, die zwischen gleichen Strahlen liegen, verhalten sich zueinander wie die zugehörigen Strahlenabschnitte ein und desselben Strahls.

3. Teil:
Die Abschnitte auf einer Parallelen verhalten sich zueinander wie die zugehörigen Abschnitte auf einer anderen Parallelen.

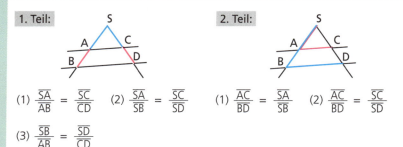

1. Teil:

(1) $\dfrac{\overline{SA}}{\overline{AB}} = \dfrac{\overline{SC}}{\overline{CD}}$ (2) $\dfrac{\overline{SA}}{\overline{SB}} = \dfrac{\overline{SC}}{\overline{SD}}$

(3) $\dfrac{\overline{SB}}{\overline{AB}} = \dfrac{\overline{SD}}{\overline{CD}}$

2. Teil:

(1) $\dfrac{\overline{AC}}{\overline{BD}} = \dfrac{\overline{SA}}{\overline{SB}}$ (2) $\dfrac{\overline{AC}}{\overline{BD}} = \dfrac{\overline{SC}}{\overline{SD}}$

3. Teil:

(1) $\dfrac{\overline{AC}}{\overline{CE}} = \dfrac{\overline{BD}}{\overline{DF}}$ (2) $\dfrac{\overline{AC}}{\overline{AE}} = \dfrac{\overline{BD}}{\overline{BF}}$

(3) $\dfrac{\overline{CE}}{\overline{AE}} = \dfrac{\overline{DF}}{\overline{BF}}$

Strahlensätze
GRUNDLAGEN

Beweis des Strahlensatzes:

Wir beweisen den Fall: $\frac{\overline{SA}}{\overline{AB}} = \frac{\overline{SC}}{\overline{CD}}$

1. Es ist ein Strahlenbüschel l_1, l_2 gegeben.
2. Das Strahlenbüschel wird von einer Parallelenschar g_1, g_2 geschnitten, sodass die Strahlenabschnitte $\overline{SA}$, $\overline{AB}$, $\overline{SC}$, $\overline{CD}$ entstehen.

Behauptung: $\frac{\overline{SA}}{\overline{AB}} = \frac{\overline{SC}}{\overline{CD}}$

Beweis:

Für das Dreieck SAC gilt: $A_{\triangle SAC} = \frac{\overline{SA} \cdot h_1}{2} = \frac{\overline{SC} \cdot h_2}{2}$ (1)

Daraus folgt: $\overline{SA} \cdot h_1 = \overline{SC} \cdot h_2$

$A_{\triangle ABC} = A_{\triangle ADC}$ ... denn sie stimmen in der Seite $\overline{AC}$ und der zugehörigen Höhe überein (2)

Es gilt: $A_{\triangle ABC} = \frac{\overline{AB} \cdot h_1}{2}$ und $A_{\triangle ADC} = \frac{\overline{CD} \cdot h_2}{2}$

Somit ergibt sich: $\overline{AB} \cdot h_1 = \overline{CD} \cdot h_2$

Aus dem gesamten Beweis lässt sich nun schlussfolgern: $\frac{\overline{SA}}{\overline{AB}} = \frac{\overline{SC}}{\overline{CD}}$

Beweis des ersten Teils des Strahlensatzes: Fall: $\frac{\overline{SA}}{\overline{AB}} = \frac{\overline{SC}}{\overline{CD}}$

(1)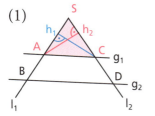

(2)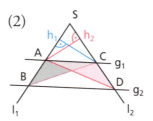

Du kannst dich gern im Beweisen der fehlenden „Sätze" üben!

NA, HAB ICH MIR DIE FEHLENDEN SÄTZE ETWA NICHT ABGEKUPFERT?

▪ Übung 1: Satzbestimmungen ▪

Erkennen, Benennen und Definieren des jeweiligen Strahlensatzes.

Überlege genau, welcher Strahlensatz in der jeweiligen Zeichnung vorliegt. Bestimme den Satz und schreibe ihn vollständig auf.

a)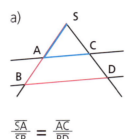

$$\frac{\overline{SA}}{\overline{SB}} = \frac{\overline{AC}}{\overline{BD}}$$

b)

$$\frac{\overline{AC}}{\overline{BD}} = \frac{\overline{CE}}{\overline{DF}}$$

▪ Übung 2: Beweislogik ▪

Um das Beweisen kommst du einfach nicht herum! Aber je öfter du beweist, umso leichter wird es.

Da im Theorieteil nicht alle Sätze bewiesen werden konnten, bist du noch einmal an der Reihe. Fülle den Lückenbeweis richtig aus.

Beweis zum dritten Teil des Strahlensatzes
Fall: $\frac{\overline{AC}}{\overline{CE}} = \frac{\overline{BD}}{\overline{DF}}$
Voraussetzung:

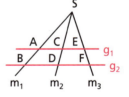

Es ist ein Strahlenbüschel _____ gegeben.

Das Strahlenbüschel wird von einer _____ geschnitten,

sodass die Parallelenabschnitte $\overline{AC}$, _____ entstehen.

Behauptung: _____

Beweis:

Nach dem zweiten Teil des Strahlensatzes gilt:

$$\frac{\overline{AC}}{\overline{BD}} = \text{————} \quad \text{und} \quad \frac{\overline{CE}}{\overline{DF}} = \text{————}$$

Daraus folgt: $\frac{\overline{AC}}{} = \frac{\overline{CE}}{}$ und $\frac{\overline{AC}}{} = \frac{\overline{BD}}{}$

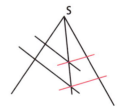

Der „Lückenfüller"-Luftballon

Übung 3: Wahre Aussagen

Nun kannst du deine Strahlenkenntnisse wieder rechnerisch anwenden.

1. Ergänze aufgrund eines Strahlensatzes zu einer wahren Aussage:

   a) $\dfrac{\overline{SA}}{\overline{SB}} = $ —

   b) $\dfrac{\overline{SR}}{\overline{SM}} = $ —

   c) $\dfrac{\overline{AR}}{\overline{BM}} = $ —

   d) $\dfrac{\overline{SC}}{} = \dfrac{}{\overline{SM}}$

   e) $\dfrac{}{\overline{SM}} = \dfrac{\overline{SC}}{}$

   f) $\dfrac{\overline{CT}}{} = \dfrac{}{\overline{SM}}$

   g) $\dfrac{\overline{AR}}{\overline{CT}} = $ —

   h) $\dfrac{\overline{ST}}{} = \dfrac{}{\overline{SA}}$

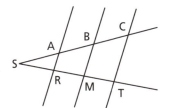

Denke an die Strahlensätze von Seite 114. Dann findest du sicher einen Weg, der zum Ergebnis führt.

2. Von zwei Strecken ist ihr Längenverhältnis a : b = 2 : 3 (7 : 4) und die Länge der einen Strecke
   a) a = 4 cm
   b) b = 1,5 cm bekannt.
Konstruiere die andere Strecke.

Du musst hier erst rechnen, um zeichnen zu können!

3. Von den sechs Längen a_1, a_2, b_1, b_2, c_1, c_2 sind vier gegeben. Berechne die beiden nicht gegebenen Längen.

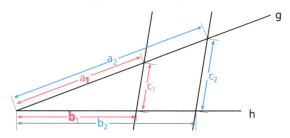

a) $a_1 = 3$ cm
   $b_1 = 2$ cm
   $b_2 = 7$ cm
   $c_1 = 4$ cm

b) $a_1 = 3$ cm
   $b_2 = 2$ cm
   $c_1 = 1,5$ cm
   $c_2 = 4$ cm

c) $a_2 = 5$ cm
   $b_2 = 10$ cm
   $c_1 = 2$ cm
   $c_2 = 3$ cm

d) $a_1 = 15$ cm
   $a_2 = 30$ cm
   $b_1 = 4$ cm
   $c_2 = 20$ cm

e) $a_2 = 12,5$ cm
   $b_1 = 8$ cm
   $b_2 = 24$ cm
   $c_2 = 32$ cm

f) $a_1 = 88$ cm
   $a_2 = 112$ cm
   $b_2 = 24$ cm
   $c_1 = 50$ cm

Wenn du genau überlegst und die Strahlensätze anwenden kannst, bist du schnell fertig.

Deine Ergebnisse kannst du im Lösungsteil auf Seite 160 überprüfen.

3. Vervielfachen und Teilen einer Strecke

Mithilfe des Strahlensatzes (siehe Seite 114) kann eine Strecke in k gleiche Teile geteilt sowie ihr k-faches ermittelt werden, wobei $k = \frac{m}{n}$ sein soll (m, n = natürliche Zahlen).

Vervielfachen einer Strecke:
1. $k = n$
2. $k = \frac{1}{n}$
3. $k = \frac{m}{n}$
4. k ist irrational

Die vier Fälle des Vervielfachens einer Strecke

1. $k = n$
Verlängere $\overline{AB}$ und trage von B oder von A aus die Strecke $\overline{AB}$ auf der Verlängerung $(n - 1)$-mal ab.

2. $k = \frac{1}{n}$ $(n \neq 0)$
Trage von A aus auf einem Hilfsstrahl eine beliebige Strecke $\overline{AE}$ n-mal ab. Bezeichne den Endpunkt der Streckenfolge mit N. Zeichne durch E die Parallele zu $\overline{BN}$.

3. $k = \frac{m}{n}$ $(n \neq 0)$
Konstruiere wie unter 2. den n-ten Teil der gegebenen Strecke $\overline{AB}$. Konstruiere dann wie unter 1. das m-fache des n-ten Teils der Strecke $\overline{AB}$.

4. k ist irrational
k wird hierbei durch rationale Näherungswerte ersetzt.

Beispiele:

$k = 2$

$AC = 2 \cdot AB$

$k = \frac{1}{2}$

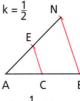

$AC = \frac{1}{2} \cdot AB$

$k = \frac{2}{3}$

$m = 2$

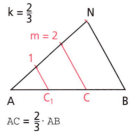

$AC = \frac{2}{3} \cdot AB$

Teilung einer Strecke

Teilung einer Strecke

Eine Strecke $\overline{AB}$ wird innen und außen im Verhältnis 4 : 1 geteilt:

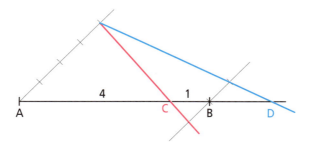

Vervielfachen / Teilen / zentrische Streckung

GRUNDLAGEN

4. Die zentrische Streckung

Definition: zentrische Streckung

Eine zentrische Streckung ist wie folgt definiert:
- Ein Punkt Z wird als Streckungszentrum festgelegt.
- Eine positive reelle Zahl wird als Streckungsfaktor k festgelegt.
- P' liegt auf dem Strahl ZP. Es gilt: $\overline{ZP'} = k \cdot \overline{ZP}$ für P ≠ Z.
- Z hat sich selbst als Bildpunkt: Z' = Z.

Zentrische Streckung

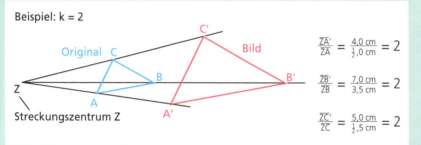

Zentrische Streckung ist
im Falle k > 1 eine maßstäbliche Vergrößerung,
im Falle 0 < k < 1 eine maßstäbliche Verkleinerung.
Im Falle k = 1 werden alle Punkte P des Originals auf sich selbst abgebildet.

k > 1: Vergrößerung
0 < k < 1: Verkleinerung
k = 1: keine Veränderung

Konstruktionsbeschreibung einer zentrischen Streckung

1. Verbinde alle Punkte des Originals mit dem Streckungszentrum Z.
Ist k < 0, muss die Verbindungslinie über Z hinausgezogen werden.
2. Multipliziere die Streckenlänge $\overline{ZP}$ mit dem Streckungsfaktor k.
3. Trage auf dem Strahl durch Z und P die Streckenlänge $\overline{ZP'} = k \cdot \overline{ZP}$ von Z aus an. Verbinde nun entsprechend alle Bildpunkte.

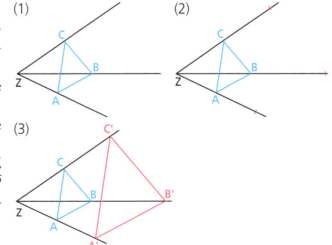

▪ Übung 1: Vervielfachen und Teilen ▪

Vervielfachen und Teilen einer Strecke

Hast du deine Zeichengeräte schon alle bereitliegen? Dann kann es ja losgehen.

1. Zeichne eine 3 cm lange Strecke $\overline{AB}$.
   a) Verlängere über B hinaus: k = 2.
   b) Verlängere über B hinaus: k = $\frac{1}{2}$.
   c) Verlängere über B hinaus: k = $\frac{1}{5}$.
2. Zeichne eine 8 cm lange Strecke. Zerlege sie in
   a) 3 b) 7 c) 6 d) 10 e) 9
gleich lange Teilstrecken.
3. Zeichne eine 7 cm lange Strecke $\overline{AB}$. Konstruiere eine Strecke $\overline{AC}$, sodass gilt:

Deine Zeichenergebnisse kannst du mit den Ergebnissen im Lösungsteil auf Seite 160 vergleichen.

   a) $\overline{AC} = \frac{1}{3} \overline{AB}$ c) $\overline{AC} = \frac{2}{3} \overline{AB}$ e) $\overline{AC} = \frac{3}{5} \overline{AB}$
   b) $\overline{AC} = \frac{1}{5} \overline{AB}$ d) $\overline{AC} = \frac{4}{3} \overline{AB}$ f) $\overline{AC} = \frac{7}{5} \overline{AB}$
4. Zeichne eine 9 cm lange Strecke $\overline{AB}$. Zeichne anschließend einen Punkt C auf der Strecke $\overline{AB}$, für den das Längenverhältnis $\overline{AC} : \overline{AB}$ dem angegebenen Wert entspricht:
   a) $\frac{2}{5}$ b) $\frac{3}{4}$ c) $\frac{2}{3}$ d) $\frac{5}{7}$ e) $\frac{5}{6}$

Vervielfachen / Teilen / zentrische Streckung
ÜBUNGEN

■ Übung 2: Strecke dich erst einmal! ■

1. Die Figuren, die zu strecken sind, liegen vor.
Achte auf den Streckungsfaktor.

Zentrische Streckung

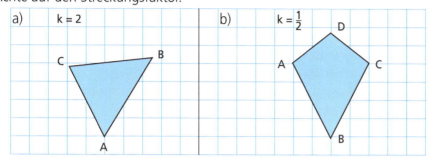

2. Konstruiere zuerst jeweils die entsprechende Figur und führe dann die geforderte zentrische Streckung durch. Überlege, bevor du beginnst, ob im Bild eine Vergrößerung oder eine Verkleinerung entsteht.

a) Dreieck
  $a = 4$ cm
  $b = 5$ cm $\Big\}$ $k = 2$
  $c = 6$ cm

b) Quadrat
  $a = 6$ cm $\Big\}$ $k = \frac{1}{2}$

c) Rechteck
  $a = 4$ cm
  $b = 8$ cm $\Big\}$ $k = 1$

In den Kapiteln „Dreiecke" sowie „Vielecke und Vierecke" findest du die entsprechenden Konstruktionsbeschreibungen.

3. Überprüfe, ob die folgenden Eigenschaften für zentrische Streckungen zutreffen.

(1) Das Bild jeder Geraden ist eine Gerade.
(2) Original- und Bildgerade stehen senkrecht aufeinander.
(3) Die Bilder zueinander paralleler Geraden sind Geraden, die zueinander und zu den Originalen parallel sind.
(4) Das Bild jeder Strecke ist eine zu ihr parallele Strecke.
(5) Das Bild jedes n-Ecks ist wieder ein n-Eck.
(6) Einander entsprechende Winkel sind kongruent.
  Beispiel: ∢ BCD = ∢ B'C'D'.

Zu Aufgabe 3 gibt es wieder eine Wahrheitstabelle. Kreuze die betreffenden Buchstaben an.

Satz	wahr	falsch
1	p	t
2	a	r
3	i	s
4	m	t
5	a	u
6	!	?

Setze die Buchstaben der Reihe nach zusammen:

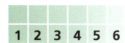

1 2 3 4 5 6

Wie hast du die Aufgabe gelöst?

5. Ähnlichkeitsabbildungen

Definition: Ähnlichkeitsabbildung

Ähnlichkeitsabbildung: Bewegung oder zentrische Streckung oder Bewegung und zentrische Streckung

Ähnlichkeitsabbildung heißt jede eindeutige Abbildung der Ebene auf sich, die
(1) eine Bewegung oder
(2) eine zentrische Streckung oder
(3) eine Zusammensetzung aus einer Bewegung und einer zentrischen Streckung ist.

Definition: Ähnlichkeitsfaktor

Unter dem Ähnlichkeitsfaktor einer Ähnlichkeitsabbildung versteht man den Quotienten k aus den Längen von Bildstrecke und zugehöriger Originalstrecke.
Ist eine Ähnlichkeitsabbildung eine zentrische Streckung (Z; k), nennt man das Streckungszentrum Z auch Ähnlichkeitspunkt.

Die nebenstehende Ähnlichkeitsabbildung setzt sich aus der Verschiebung $\overline{AA'}$ und der Streckung (Z; $\frac{ZA''}{ZA'}$) zusammen. Der Ähnlichkeitsfaktor ist:

Ähnlichkeitsfaktor: k

$$\frac{\overline{A''B''}}{\overline{AB}} = \frac{\overline{B''C''}}{\overline{BC}} = \frac{\overline{C''A''}}{\overline{CA}} = k$$

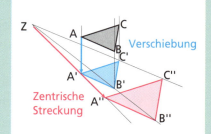

Ähnlichkeitsabbildung mit negativem Streckungsfaktor

Ähnlichkeitsabbildung mit negativem Streckungsfaktor

Eine Ähnlichkeitsabbildung (Z; − k) setzt sich aus einer Streckung und einer Drehung um Z zusammen.

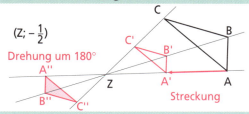

6. Ähnliche Figuren

Definition: ähnliche Figuren

Zwei ebene Figuren heißen ähnlich, wenn es eine Ähnlichkeitsabbildung gibt, bei der die eine Figur dem Bild der anderen Figur entspricht: $F_1 \sim F_2$ ($\sim$ bedeutet ähnlich).
Kongruente Figuren sind ähnliche Figuren mit dem Ähnlichkeitsfaktor k = 1.

Ähnliche Figuren

Satz: Ähnlichkeit von Vielecken

Wenn zwei n-Ecke (n > 3) einander ähnlich sind, gilt:
a) Einander entsprechende Winkel sind gleich groß.
b) Einander entsprechende Seitenlängen stehen im gleichen Verhältnis.

Ähnlichkeit von Vielecken

Ähnlichkeitssätze für Dreiecke

Dreiecke sind einander ähnlich,
a) wenn sie im Verhältnis aller drei Seiten übereinstimmen:
$\frac{a}{a'} = \frac{b}{b'} = \frac{c}{c'}$
b) wenn sie im Verhältnis zweier Seiten und dem eingeschlossenen Winkel übereinstimmen:
$\frac{a}{a'} = \frac{b}{b'}$ und $\gamma = \gamma'$
c) wenn sie in zwei Winkeln übereinstimmen (Hauptähnlichkeitssatz):
$\beta = \beta'$; $\gamma = \gamma'$
d) wenn sie im Verhältnis zweier Seiten und dem Gegenwinkel der größeren Seite übereinstimmen:
$\frac{a}{a'} = \frac{b}{b'}$ und $\beta = \beta'$

Ähnlichkeitssätze für Dreiecke

■ Übung 1: Wahr oder falsch ■

Du bist wieder an der Reihe, den Richter zu spielen.
Entscheide, ob die folgenden Aussagen wahr oder falsch sind.

1. Eine Ähnlichkeitsabbildung ist immer eineindeutig.
2. Zwei 6-Ecke sind nur dann einander ähnlich, wenn diese regelmäßige Vielecke sind.
3. Eine Ähnlichkeitsabbildung kann nur durch eine Bewegung erfolgen.
4. Der Ähnlichkeitsfaktor muss immer positiv sein.
5. Bei jeder Ähnlichkeitsabbildung mit einer zentrischen Streckung gibt es ein Streckungszentrum Z, das auch Ähnlichkeitspunkt genannt wird.
6. Dreiecke sind einander ähnlich, wenn sie im Verhältnis aller drei Seiten übereinstimmen.
7. Wenn zwei ähnliche Dreiecke in zwei Winkeln übereinstimmen, stimmen sie auch in drei Winkeln überein.
8. Ähnliche Figuren sind immer auch kongruent.
9. Kongruente Figuren sind immer auch ähnliche Figuren.
10. Wenn zwei Dreiecke im Verhältnis zweier Seiten und dem Gegenwinkel der größeren Seite übereinstimmen, sind die Dreiecke einander ähnlich.

Und hier kommt wieder unsere Wahrheitstabelle:

Satz	wahr	falsch
1	e	m
2	a	r
3	tt	s
4	i	t
5	k	b
6	l	r
7	a	o
8	t	ss
9	i	u
10	g	t

Na, wie gut hast du die Aufgabe gelöst?

Ähnlichkeitsabbildungen/ähnliche Figuren
ÜBUNGEN

▪ Übung 2: Das sieht dir ähnlich … ▪

Lies dir die Aufgaben genau durch, bevor du sie löst.

Überlege genau! Fertige Skizzen an; dann fällt dir die Entscheidung leichter.

1. Konstruiere die folgenden Dreiecke.
Vergleiche sie und bestimme anschließend, welche sich ähnlich sind.
Bestimme auch den Kongruenzsatz/Ähnlichkeitssatz.

    a) a = 3 cm   c) a = 6 cm   e) a = 4 cm   g) a = 12 cm
       b = 4 cm   b = 8 cm   c = 5 cm   b = 15 cm
       c = 5 cm   c = 10 cm $\beta = 38°$ $\gamma = 38°$
    b) a = 6 cm   d) b = 4 cm   f) a = 1,5 cm h) a = 3 cm
       $\gamma = 90°$ $\gamma = 90°$ b = 2 cm   b = 4 cm
       $\beta = 38°$ $\alpha = 38°$ c = 2,5 cm $\gamma = 52°$

2. Bestimme anhand der gegebenen Stücke der Vierecke und mithilfe ergänzender Rechnungen, welche der Vierecke einander ähnlich sind.

    a) Quadrat: a = 4 cm
    b) Rechteck: a = 3 cm, b = 5 cm
    c) Rhombus: a = 5 cm, $\alpha = 70°$, $\beta = 110°$
    d) Rechteck: a = 4,5 cm, b = 7,5 cm
    e) Quadrat: A = 10 cm²
    f) Rechteck: A = 6,$\overline{6}$ cm², a = 2 cm

3. Sind alle
    a) gleichschenkligen   c) rechtwinkligen
    b) gleichseitigen   d) rechtwinklig-gleichschenkligen
Dreiecke zueinander ähnlich?
Begründe deine Antworten.

Lösungen auf Seite 162

Dreieckige und viereckige Verkehrszeichen

Abschlusstest VI

Das Kapitel „Ähnlichkeit" sollte jetzt im Mittelpunkt deiner Überlegungen stehen!

Bist du bereit für den großen Ähnlichkeits-Abschlusstest?
Lies dir aber das Kapitel erst noch einmal genau durch, bevor du dich ungestört an die Arbeit machst.

1. Wann spricht man von ähnlichen geometrischen Figuren? Definiere!
Bei zwei richtigen Definitionen gibt es insgesamt 4 Punkte.

2. Berechne folgende Streckenverhältnisse der Strecken $\overline{AB}$ und $\overline{CD}$, $\overline{AB}$ und $\overline{EF}$ sowie $\overline{CD}$ und $\overline{EF}$.

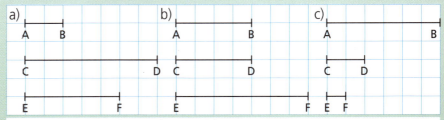

Du kannst maximal 9 Punkte erreichen.

3. Berechne die jeweils gesuchten Stücke.

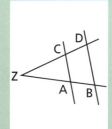

	$\overline{ZA}$	$\overline{ZB}$	$\overline{AB}$	$\overline{ZC}$	$\overline{ZD}$	$\overline{CD}$
a)	4 cm	5 cm		2 cm		
b)	4,2 cm		1,2 cm		6,3 cm	
c)			10 cm		2,9 cm	0,7 cm
d)	9,5 cm	12,8 cm				3,3 cm
e)			2,2 cm	2,7 cm	4,5 cm	
f)	4,8 cm			3,7 cm	5,3 cm	

Für jede richtige Berechnung gibt es 1 Punkt, insgesamt also 18 Punkte.

4. Bei einem Fluss sollen die Strecken $\overline{AE}$ und $\overline{AB}$ ermittelt werden:

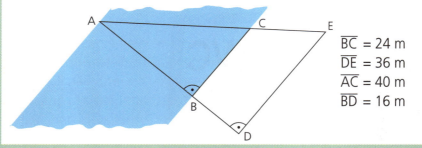

$\overline{BC}$ = 24 m
$\overline{DE}$ = 36 m
$\overline{AC}$ = 40 m
$\overline{BD}$ = 16 m

3 Punkte erhältst du für die richtige Berechnung.

Ähnlichkeit
ABSCHLUSSTEST VI

5. Gegeben ist das Dreieck A(2/3); B(6/1) und C(3/6) in einem Koordinatensystem.
Strecke das Dreieck ABC am Koordinatenursprung mit dem Faktor:
  a) k = 2
  b) k = $\frac{1}{2}$
Schreibe auch vier Ähnlichkeitsverhältnisse auf.
Für jede Streckung gibt es 2 Punkte, zusammen also 4.
Für jedes richtige Ähnlichkeitsverhältnis erhältst du nochmals 1 Punkt, insgesamt also 8.

Dir ist doch das Koordinatensystem bekannt!?

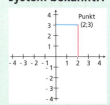

6. Teile eine Strecke von 10 cm in acht gleiche Teile.
Du musst dabei nicht rechnen!
Die richtige Teilung bringt dir 2 Punkte.

7. a) Teile eine Strecke $\overline{AB}$ = 5 cm innen und außen im Verhältnis 5:2.
   b) Teile eine Strecke $\overline{CD}$ = 3 cm innen und außen im Verhältnis 6:1.
Für jede richtige Zeichnung gibt es 2, also insgesamt 4 Punkte.

8. a) Multipliziere die Strecke $\overline{AB}$ = 10 cm „geometrisch" mit 1,5.
   b) Multipliziere die Strecke $\overline{AB}$ = 2 cm „geometrisch" mit 4.
Pro erfüllte Aufgabe gibt es wieder 2, also insgesamt 4 Punkte.

9. Bestimme, ob die Figuren einander ähnlich sind. Gib außerdem den entsprechenden Satz mit an.

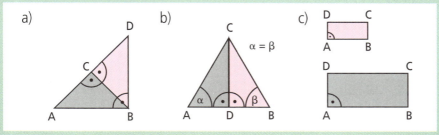

Pro richtig eingeordnete Skizze bekommst du 2 Punkte, maximal 6 Punkte.

Vergiss die entsprechenden Sätze nicht!

Auswertung des Tests

58 – 50 Punkte: Spitze! Du hast die Ähnlichkeit geometrisch sehr gut bewältigt. Auf zum letzten Kapitel dieses Buches!

49 – 40 Punkte: Alles noch im Griff! Obwohl du die restlichen Punkte bis zur Spitze bestimmt noch geschafft hättest! Korrigiere deine Fehler und dann geht es weiter auf Seite 128.

39 – 0 Punkte: Na ja, weltbewegend war deine Leistung nicht! Es wäre besser, du würdest noch einmal auf Seite 110 beginnen!

NUN KOMMT BEWEGUNG IN DIE GEOMETRIE

Elementare Bewegungen

1. Geometrische Abbildung

Geometrische Abbildung:
Original
↓
Bild

Werden den Punkten einer Punktmenge M_1 durch eine Vorschrift Punkte einer Punktmenge M_2 zugeordnet, heißt es: M_1 wird auf M_2 abgebildet.
Man unterscheidet dabei zwischen Originalen und Bildern.

Eindeutige Abbildung

Eindeutige Abbildung:
Jedem Originalpunkt wird ein und nur ein Bildpunkt zugeordnet.

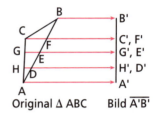

Original △ ABC   Bild $\overline{A'B'}$

Eineindeutige Abbildung

Eineindeutige Abbildung:
Jedem Originalpunkt wird ein und nur ein Bildpunkt zugeordnet. Zu jedem Bildpunkt gehört ein und nur ein Originalpunkt.
Jede eineindeutige Abbildung heißt auch eindeutig.

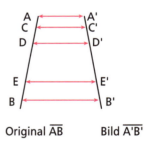

Original $\overline{AB}$ Bild $\overline{A'B'}$

Fixpunkt, Fixgerade

Fixpunkt, Fixgerade:
Ein Punkt, der nach seiner Abbildung wieder auf derselben Stelle innerhalb einer Ebene liegt, heißt *Fixpunkt* der Abbildung.
Entsprechend gilt: Eine Gerade, die nach ihrer Abbildung wieder auf derselben Stelle innerhalb einer Ebene liegt, heißt Fixgerade der Abbildung.

Geometrische Abbildung/Verschiebung

GRUNDLAGEN

Definition: Kongruenzabbildung

Jede Abbildung der Ebene auf sich, bei der die Ausgangsfigur (Urbild) und die zugehörige Bildfigur kongruent sind, nennt man Kongruenzabbildung.

Kongruenzabbildung

2. Verschiebung

Definition: Verschiebung

Eine Verschiebung ist eine eineindeutige Abbildung, bei der gilt:
(1) Die Geraden $\overline{AA'}$ und $\overline{BB'}$ sind zueinander parallel.
(2) Die Strahlen $\overline{AA'}$ und $\overline{BB'}$ sind gleich orientiert.
(3) Die Strecken $\overline{AA'}$ und $\overline{BB'}$ sind gleich lang.

Verschiebung

Verschiebungspfeil:
Ein Verschiebungspfeil $\overrightarrow{PQ}$ legt
(1) die Richtung,
(2) den Richtungssinn,
(3) die Verschiebungsweite der Strecke $\overline{PQ}$ fest.

Verschiebungspfeil

$\overrightarrow{PQ}$

legt Richtung, Richtungssinn, Verschiebungsweite fest.

Bild eines Dreiecks bei einer Verschiebung

Gegeben:

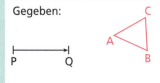 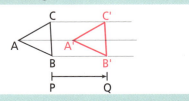

Konstruktionsbeschreibung:
Zeichne von A, B, C aus Strahlen, die mit dem Verschiebungspfeil $\overrightarrow{PQ}$ gleich orientiert sind. Trage von diesen Strahlen die Strecke $\overline{PQ}$ ab und bezeichne die so gewonnenen Punkte mit A', B' und C'.
Zeichne das Dreieck A'B'C', das das Bild des Dreiecks ABC bei der Verschiebung $\overrightarrow{PQ}$ ist.

Konstruktion einer Verschiebung am Beispiel eines Dreiecks

Übung 1: Die Wahrsagerübung

Hast du deine Wahrheitszauberkugel schon geputzt? Aber du kannst es auch ohne sie!

Du kennst unsere Aufgabenstellung schon.
Bestimme bei jeder Aussage ihren Wahrheitsgehalt, entscheide dich also für wahr oder falsch.

1. Eine eindeutige Abbildung liegt dann vor, wenn jedem Originalpunkt ein und nur ein Bildpunkt zugeordnet werden kann.
2. Jede eindeutige Abbildung heißt auch eineindeutig.
3. Jede eineindeutige Abbildung heißt auch eindeutig.
4. Bei einer Verschiebung ist das Bild zweier zueinander paralleler Geraden wieder zwei zueinander parallele Geraden.
5. Die Umkehrabbildung einer Verschiebung $\overrightarrow{PQ}$ ist die Verschiebung $\overrightarrow{QP}$.
6. Ein Punkt heißt Fixpunkt, wenn er nach der entsprechenden Abbildung wieder auf derselben Stelle innerhalb der Ebene liegt.
7. Jede Abbildung, bei der Bild und Original einander ähnlich sind, heißt Kongruenzabbildung.
8. Ein Verschiebungspfeil legt die Richtung der Verschiebung fest.
9. Die Nacheinanderausführung zweier Verschiebungen ist eine zentrische Streckung.
10. Den Richtungssinn einer Verschiebung gibt die Originalfigur an.

Satz	wahr	falsch
1	g	m
2	l	u
3	t	i
4	ü	s
5	b	r
6	e	k
7	o	r
8	l	m
9	ak	eg
10	u	t

Nun sag, wie hast dus mit der Wahrheit?

Geometrische Abbildung/Verschiebung
ÜBUNGEN

■ Übung 2: Konstruktionsverschiebungen ■

Nun bist du wieder mit deinem Bleistift an der Reihe.
Übertrage die folgenden Figuren oder geometrischen Elemente in dein Heft und verschiebe sie dann so, wie es der entsprechende Verschiebungspfeil angibt.
Viel Zeichenspaß!

Denke an die parallelen Verschiebungsgeraden!

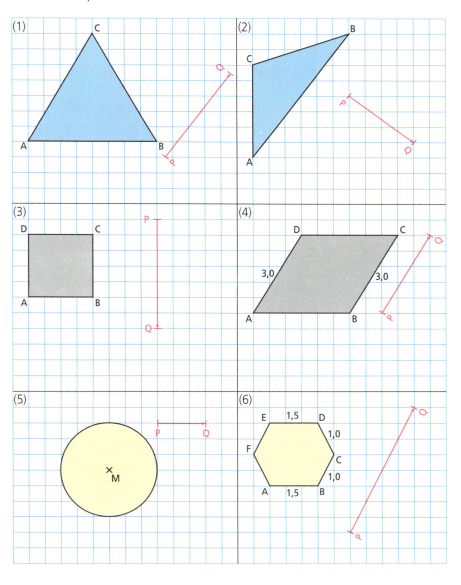

Sind deine Bilder der Figuren ähnliche oder kongruente Figuren zu denen der Originale?

Vergleiche deine Ergebnisse mit denen im Lösungsteil auf Seite 163.

3. Drehung

Drehung

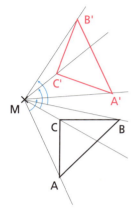

Definition: Drehung

Eine Drehung um einen Punkt M ist eine eineindeutige Abbildung, bei der gilt:
(1) Der Punkt M wird auf sich selbst abgebildet.
(2) Ist A ein von M verschiedener Punkt, so liegt sein Bildpunkt A' auf dem Kreis um M mit dem Radius $\overline{MA}$.
(3) Sind A bzw. B von M verschiedene Punkte und A' bzw. B' ihre Bildpunkte, so sind die orientierten Winkel $\sphericalangle \overrightarrow{AMA'}$ und $\sphericalangle \overrightarrow{BMB'}$ gleich orientiert.
(4) Die Winkel $\sphericalangle$ AMA' und $\sphericalangle$ BMB' sind gleich groß.

Bei einer Drehung um M heißt M das Drehzentrum; der orientierte Winkel $\sphericalangle$ α heißt Drehwinkel. Seine Größe gibt die Größe der Drehung, seine Orientierung den Drehsinn an.

Bild eines Dreiecks bei einer Drehung um einen Punkt

 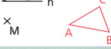 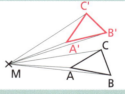

Konstruktion einer Drehung an einem Punkt

Konstruktionsbeschreibung:
Zeichne die Strahlen $\overline{MA}$, $\overline{MB}$, $\overline{MC}$. Zeichne um M Kreisbogen mit den Radien $\overline{MA}$, $\overline{MB}$, $\overline{MC}$. An die Schenkel $\overline{MA}$, $\overline{MB}$, $\overline{MC}$ trägst du den orientierten Winkel $(\overrightarrow{h}, \overrightarrow{k})$ entsprechend an.
Die entstehenden Schnittpunkte bezeichnest du mit A', B', C'. Zeichne das Dreieck A'B'C', das das Bild des Dreiecks ABC bei der Drehung um M um den Winkel $(\overrightarrow{h}, \overrightarrow{k})$ ist.

Punktspiegelung = Drehung um 180°

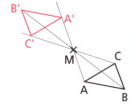

Punktspiegelung:
Drehungen um einen Punkt mit einem Drehwinkel von 180° werden auch Punktspiegelungen genannt.

Drehung/Spiegelung
GRUNDLAGEN

4. Spiegelung

Definition: Spiegelung

Eine Spiegelung an einer Geraden a ist eine eineindeutige Abbildung, bei der gilt (A' sei das Bild von A):
(1) Jeder Punkt der Geraden a wird auf sich selbst abgebildet.
(2) Jeder Punkt A, der nicht der Geraden a angehört, und sein Bildpunkt A' liegen auf verschiedenen Seiten der Geraden a.
(3) Jede Gerade AA' schneidet die Gerade a in einem Punkt L unter einem rechten Winkel.
(4) Die Strecken $\overline{LA}$ und $\overline{LA'}$ sind gleich lang.

Spiegelachse oder Symmetrieachse:
Die Gerade a bei der Spiegelung an a heißt Spiegelachse oder Symmetrieachse dieser Spiegelung. Das Bild A' eines Punktes A wird bei einer Spiegelung an einer Geraden auch das Spiegelbild von A genannt.

Bild eines Dreiecks bei einer Spiegelung an einer Geraden

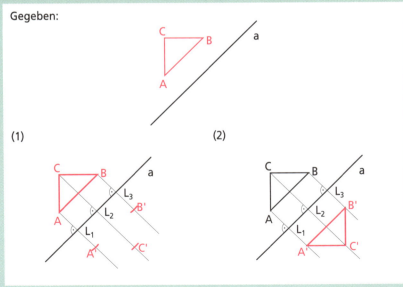

Übung 1: Drehungen machen schwindlig

Nun steht die Drehung im Mittelpunkt.

Die Konstruktionsbeschreibung für die Drehung findest du auf Seite 132.

1. Übertrage die Figuren oder Elemente in dein Heft und führe eine Drehung nach dem angegebenen Drehwinkel durch. Lege Z selbst fest.

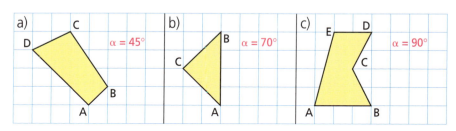

2. Die folgenden Figuren sollen um 180° gedreht werden:

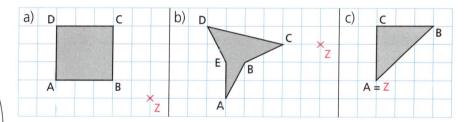

RUHE DICH ERST EINMAL AUS, SONST BEKOMMST DU NOCH EINEN DREHWURM!

3. Übertrage die nächsten Figuren in dein Heft. Führe zuerst die Drehung nach dem angegebenen Drehwinkel durch. Mache dann eine Punktspiegelung. Bestimme das Dreh-/Spiegelzentrum selbst.

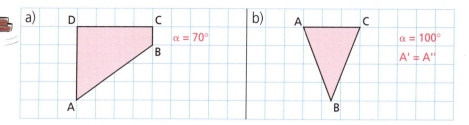

Drehung/Spiegelung
ÜBUNGEN

■ Übung 2: Spieglein an der Wand ■

Auch das Spiegeln will gelernt sein!

Spiegele die folgenden Figuren an der jeweils angegebenen Geraden:

Die Spiegelzeichenlösungen findest du auf Seite 165.

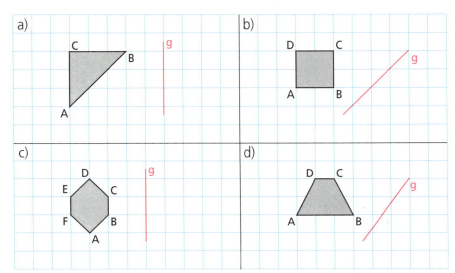

■ Übung 3: Eigenschaftsuntersuchungen ■

1. Überprüfe folgende Eigenschaften der Drehung auf ihre Richtigkeit:
1 Das Bild jeder Geraden ist eine Gerade.
2 Jeder Kreis um das Drehzentrum M wird auf sich selbst abgebildet.
3 Liegt ein Punkt B zwischen den Punkten A und C, so liegt der Bildpunkt B' nicht zwischen den Bildpunkten A' und C'.
4 Zwei zueinander parallele Geraden haben als Bild Geraden, die senkrecht zueinander sind.
5 Die Identität ist die Drehung um M mit dem Null- oder Vollwinkel als Drehwinkel.

2. Überprüfe folgende Eigenschaften der Spiegelung auf ihre Richtigkeit:
1 Das Bild jeder Geraden ist eine Gerade. Original- und Bildgerade sind entweder parallel zur Spiegelachse oder sie schneiden sich auf ihr.
2 Die Bildgeraden zweier paralleler Geraden sind senkrecht zueinander.

Die alles entscheidende Wahr-falsch-Entscheidung:

Satz	wahr	falsch
1.1	s	f
2	e	a
3	l	h
4	s	r
5	g	c
2.1	u	h
2	n	t

Abschlusstest VII

Nun kommt es wieder darauf an, wie gut du das Wissen des vorausgegangenen Kapitels verarbeitet und die Aufgaben geübt hast.

1. Was ist eine geometrische Abbildung? Liefere eine Erklärung.
Richtig? Wenn ja: 1 Punkt.

Aus den drei Punkten wird sich doch kein Dreieck entwickeln?

2. Zeichne ein Koordinatensystem (Einheit: 1 cm).
Spiegele an der x- und an der y-Achse:
  a) A (2/3), B (3/6), C (4/0)
  b) A (-2/-3), B (0/0), C (-5/0)
Verbinde dann jeweils $\overline{AB}$, $\overline{BC}$, $\overline{AC}$.
Für jede richtige Spiegelung kannst du 3 Punkte einkassieren.
Das macht zusammen maximal 12 Punkte.

3. Drehe um Z mit dem Winkel α = 100°:
  a) ein gleichseitiges Dreieck (Z liegt auf Seite a),
  b) ein Quadrat (Z liegt auf Eckpunkt B),
  c) ein symmetrisches Sechseck (Z liegt im Mittelpunkt).
Jetzt kannst du dich wieder ausdrehen! 9 Punkte vergeben wir maximal.

4. Zeichne in ein Koordinatensystem (Einheit: 1 cm) die Punkte A (2/0), B (5/0), C (2/6), D (5/4), E (8/4) und die Verschiebungspfeile $\overrightarrow{AB}$, $\overrightarrow{AC}$, $\overrightarrow{AD}$, $\overrightarrow{BD}$, $\overrightarrow{BE}$, $\overrightarrow{BC}$, $\overrightarrow{ED}$.

BLICKST DU BEI DIESEN VIELEN PFEILRICHTUNGEN NOCH DURCH?

  a) Ermittle für diese Verschiebungspfeile die Verschiebungsweiten. Bei einigen brauchst du nicht zu messen.
  b) Welche dieser Verschiebungspfeile sind gleichgerichtet?
  c) Welche dieser Verschiebungspfeile gehören zu einer entgegengesetzten Verschiebung?

Pro Teilaufgabe kannst du 2 Punkte erhalten. Macht insgesamt 6 Punkte.

5. Zeichne ein Quadrat ABCD mit $\overline{AB}$ = 3 cm.
Zeichne außerhalb des Quadrates einen Verschiebungspfeil $\overrightarrow{PQ}$, der mit $\overline{AB}$ gleichgerichtet ist und eine Länge von 5 cm haben soll.
  a) Konstruiere das Bild von C bei der Verschiebung $\overrightarrow{PQ}$.
  b) Konstruiere das Bild von D bei der Verschiebung $\overrightarrow{PQ}$.

Für jede Teilaufgabe gibt es 2 Punkte. Wie viel kannst du also insgesamt erreichen? Genau: 4 Punkte.

Elementare Bewegungen
ABSCHLUSSTEST VII

6. Gib die Geraden/Strahlen an, die Bild der Geraden g/des Strahles s bei irgendeiner Verschiebung sein können. Begründe deine Antwort.

Frisch aufgetankt geht es hier weiter!

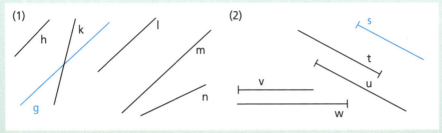

Hast du die Geraden/Strahlen gefunden? Dann bekommst du 4 Punkte.

7. Zeichne ein Dreieck ABC mit $\overline{AB}$ = 8 cm, $\overline{BC}$ = 6 cm und $\overline{AC}$ = 7 cm. (Z_1 und Z_2 sollen außerhalb des Dreiecks unter der Seite c liegen.)
   a) Lege dir selbst einen Verschiebungspfeil $\vec{PQ}$ = 2 cm fest und verschiebe dann das Dreieck entsprechend dieses Pfeiles.
   b) Drehe nun das Bild des Dreiecks A'B'C' mit Hilfe des Drehwinkels von α = 50° um Z_1.
   c) Führe zuletzt an dem Dreieck A"B"C" eine Punktspiegelung an Z_2 durch.

Es sind hier 9 Punkte zu sammeln, für jede Teilaufgabe 3 Punkte.

8. Zeichne ein regelmäßiges Sechseck ABCDEF.
   a) Drehe das Sechseck um α = 50° (Z = M).
   b) Zeichne zur Strecke $\overline{AB}$ eine parallele Gerade g (Abstand: 8 mm), die Spiegelachse sein soll. Spiegele das Sechseck ABCDEF an dieser Achse.
   c) Verschiebe das entstandene Spiegelbild mit dem Verschiebungspfeil $\vec{PQ}$ = 6 cm ($\vec{PQ}$ waagrecht; Richtung nach links).

Auch hier kannst du maximal 9 Punkte deinem Konto gutschreiben.

Auswertung des Tests

54 – 40 Punkte: Sehr gut! Du kennst dich prima in den Bewegungen aus und kannst sie auch anwenden. Damit hast du erneut bewiesen, dass du die ebene Geometrie beherrschst.

39 – 32 Punkte: Gut! Aber du kannst dich manchmal bestimmt noch besser bewegen. Nicht nur im Sport, auch in der Geometrie. Die Leistung ist trotzdem nicht zu verachten.

31 – 0 Punkte: Na ja! Du warst sicher schon einmal besser. Arbeite daher das Kapitel noch einmal intensiv durch.

LÖSUNGEN

Punkte, Geraden, Winkel, Strecken

Seite 12
ÜBUNG 1:

	g	u	
ja	g	u	
nein			t

ÜBUNG 2:
Reichenbach und Ebersbrunn liegen auf der Hauptstraße.
Werdau liegt nicht auf der Hauptstraße.
Skizze:

R und E liegen auf der Geraden h. Die Gerade h geht durch die Punkte R und E. Die Gerade h geht nicht durch W. W liegt nicht auf h.

Seite 13
ÜBUNG 3:
1.
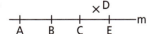

2.

a) h kann gleich s sein.
b) k kann nicht gleich h sein.

3. a)

b) w kann nicht gleich t sein.

Seite 16
ÜBUNG 1:
1.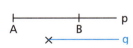

2. a)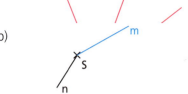

oder

b)

3.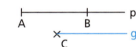

4.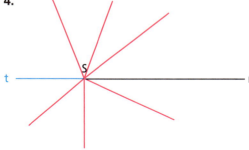

ÜBUNG 2:
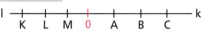

K, L, M gehören zu Strahl l.
A, B, C gehören zu Strahl k.
Es können noch weitere Kinder an jedem Seilende zu finden sein, da die Strahlen nur Anfangspunkte und keine Endpunkte besitzen.
Ein Strahl enthält unendlich viele Punkte.

138

Seite 17
ÜBUNG 3:
1. ∢ α oder ∢ (r, s) oder ∢ QSP
2. ∢ γ oder ∢ α + ∢ β oder ∢ (k, l) + ∢ (l, m) oder ∢ (k, m)
3. ∢ γ oder ∢ (k, l) + ∢ (l, m) oder ∢ (k, m) oder ∢ α + ∢ β oder ∢ CSB + ∢ BSA oder ∢ CSA; nicht ∢ (l, k)

ÜBUNG 4:
α = 0° (Nullwinkel)
α = 180° (gestreckter Winkel)
γ = 55° (spitzer Winkel)
γ = 90° (rechter Winkel)
γ = 120° (stumpfer Winkel)

Puzzleauflösung:

Seite 20
ÜBUNG 1:
360°, 75°, 45°, 105°; 110° ist zuviel

ÜBUNG 2:
156° + 135° + 40° = 331°

Seite 21
ÜBUNG 3:
a) β = 117°
   δ = 117°
   α' = 63°
   β' = 117°
   γ' = 63°
   δ' = 117°

b) α = 60°
   γ = 60°
   γ' = 60°
   δ' = 120°
   β' = 120°

Puzzleauflösung:

ÜBUNG 4:

(1) (2) (3)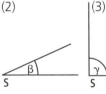

(4) (5) (6)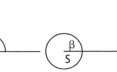

(7) (8) (9)

(10) (11) (12)

Seite 24
ÜBUNG 1:
1. $\overline{AB} > \overline{CD}$: p
2. $\overline{AB} < \overline{CD}$: r
3. $\overline{AB} = \overline{CD}$: i
4. $\overline{AB} < \overline{CD}$: m
5. $\overline{AB} = \overline{CD}$: a

Lösungswort:

P	R	I	M	A	!
1	2	3	4	5	

ÜBUNG 2:
1.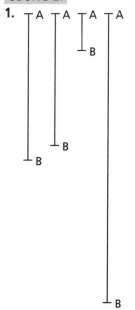

2. Die Glasränder sind gleich lang.
3. Zum Beispiel:

Seite 25
ÜBUNG 3:

1.	2.	3.
30 dm	23,9 cm	64,8 dm
28 dm	12,12 m	7 dm
6300 mm	4,05 m	0,2 cm
4000 m	1,4 cm	5 mm
1900 cm	82,004 km	12005 m
22000 mm	13,4 m	5678 m
80 cm	9,2 m	40 m
48 dm	0,52 m	68,5 cm
4500000 cm	0,012 km	900 m

Puzzleauflösung:

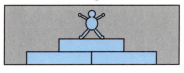

ÜBUNG 4:
1.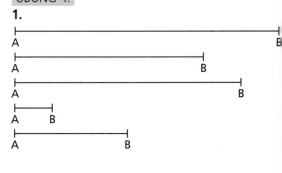

2.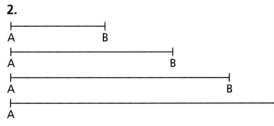

3.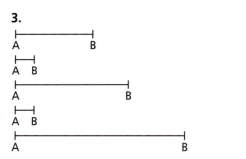

Seite 26
Abschlusstest I:
1. Zum Beispiel:

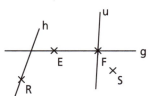

Lösungen
SEITE 24–31

2. Nullwinkel · spitzer Winkel · rechter Winkel · stumpfer Winkel · gestreckter Winkel · überstumpfer Winkel · Vollwinkel

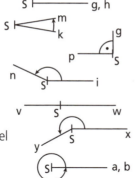

3. 47° + 335° + 90° + 142° + 360° = 974°

Seite 27

4. Zum Beispiel:

a)   b)

c)   d)

5.
- γ = 35°
- δ = 145°
- α' = 25°
- δ' = 155°
- α'' = 25°
- δ'' = 155°
- β'' = 155°
- γ'' = 25°

addiert = 720°

6.
a) 100 – Multiplikation
b) 1000 – Division
c) 1000 – Division
d) 100 – Multiplikation

7. 4000 m; 800 mm; 250 dm; 6000 m; 14 dm

8. 5,5 km; 70 dm; 32 km; 4,5 dm; 0,2 km

9. erster Schornstein: 20 m
zweiter Schornstein: 20,32 m
dritter Schornstein: 20,72 m

Symmetrie

Seite 30
ÜBUNG 1:

 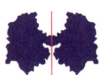

Seite 31
ÜBUNG 2:

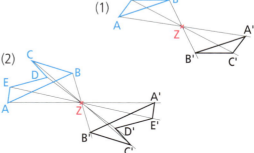

ÜBUNG 3:
(1) 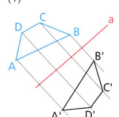   (2)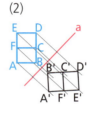

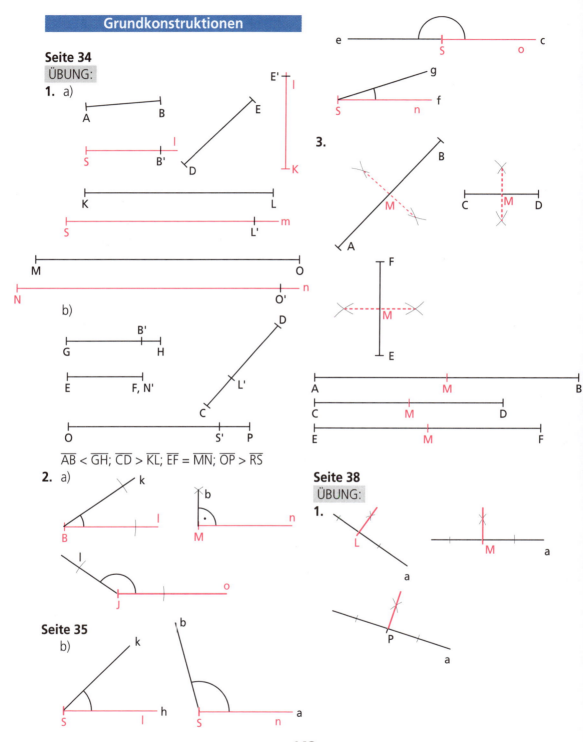

Lösungen
SEITE 34–40

2.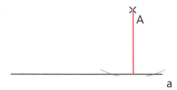

b)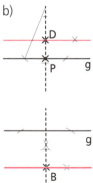

3.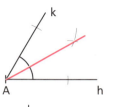

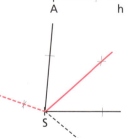

Seite 40
Abschlusstest II:

1.

2. Zum Beispiel:

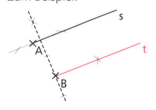

Seite 39
4. a)

3. Zum Beispiel:

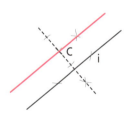

h und l sind parallel.

143

4. Zum Beispiel: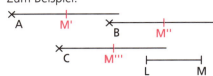

5.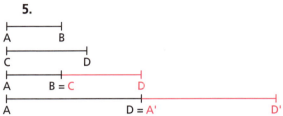

Seite 41

6.
a)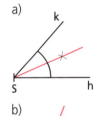
b) Zum Beispiel: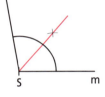
b)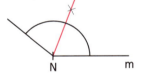
b)

7.
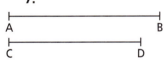

8. Zum Beispiel: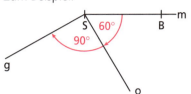

9. Zum Beispiel:

Dreiecke

Seite 44
ÜBUNG 1:

	1	2	3a	3b	4	5	6
wahr		p		t	z		!
falsch	S		i			e	

ÜBUNG 2:

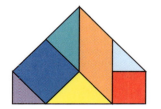

(Beispiele)

Seite 45
ÜBUNG 3:

D	R	E	I	E	C	K	S	K	Ö	N	I	G
1	2	3	4	5	6	7	8	9	10	11	12	13

Seite 48
ÜBUNG 1:

1. $\gamma = 95°$
   $\alpha = 70°$

2. $\gamma' = 135°$
   $\beta' = 140°$

ÜBUNG 2:

(1) gleichschenklig
rechtwinklig
$\gamma = 90°$
$\gamma' = 90°$
$a < c$
$b < c$
$a = b$

(2) gleichschenklig
spitzwinklig

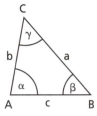

$\beta = 50°$
$\gamma = 50°$
$a > b = c$

(3) gleichseitig
spitzwinklig

$\alpha = 60°$
$\gamma = 60°$
$c = a = b$

Seite 49
ÜBUNG 3:

S	e	h	r	g	u	t	u	e	b	e	r	l	e	g	t	!
1	2	3	4	5	6	7	8	9	10	11	12	13	14	15	16	17

Voraussetzung: Für zwei Dreiecke ABC und PQR gelte:
(1) $\overline{AB} = \overline{PQ}$; (2) $\overline{BC} = \overline{QR}$; (3) $\overline{AC} = \overline{PR}$.

Es sei $\overline{AB}$ größte Seite des Dreiecks ABC und $\overline{PQ}$ größte Seite des Dreiecks PQR.
Behauptung: $\triangle ABC \cong \triangle PQR$.
Beweis: a) Die Winkel, die den Seiten $\overline{AB}$ bzw. $\overline{PQ}$ anliegen, sind spitze Winkel.
b) Wegen (1) gibt es eine Bewegung, bei der gilt:
P ist Bild von A; Q ist Bild von B; das Bild C' von C und Punkt R liegen auf verschiedenen Seiten der Geraden $\overline{PQ}$.

c) Es gilt: $\overline{PC'} = \overline{AC'}$ und $\overline{QC'} = \overline{BC'}$.
Wegen (3) bzw. (2) sind die Dreiecke PRC' bzw. QRC' gleichschenklig.
Es folgt: ∢ PRC' = ∢ PC'R bzw. ∢ C'RQ = ∢ RC'Q. Damit gilt: ∢ PRQ = ∢ PC'Q.
d) Die Dreiecke PRQ und PC'Q sind nach dem Kongruenzsatz (SWS) kongruent. Folglich gibt es eine zweite Bewegung, bei der das Dreieck PQR das Bild des Dreiecks PQC' ist.
Wegen b) und d) gibt es eine Bewegung, bei der das Dreieck PQR das Bild des Dreiecks ABC ist; folglich gilt: Δ ABC ≅ Δ PQR.

Seite 53
ÜBUNG 1:
1. a)

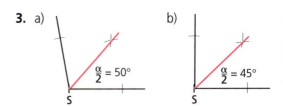
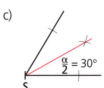
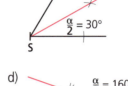

3. a) $\frac{\alpha}{2} = 50°$ b) $\frac{\alpha}{2} = 45°$

c) $\frac{\alpha}{2} = 30°$

d) $\frac{\alpha}{2} = 160°$

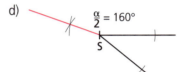

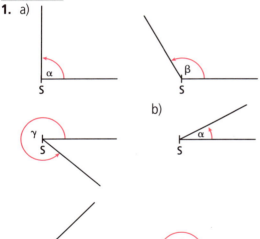

ÜBUNG 2:

(1)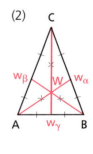

(2)

(3)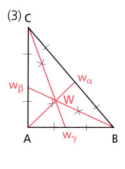

(4)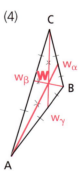

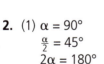
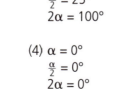

2. (1) $\alpha = 90°$ (2) $\alpha = 50°$
   $\frac{\alpha}{2} = 45°$ $\frac{\alpha}{2} = 25°$
   $2\alpha = 180°$ $2\alpha = 100°$

(3) $\alpha = 320°$ (4) $\alpha = 0°$
   $\frac{\alpha}{2} = 160°$ $\frac{\alpha}{2} = 0°$
   $2\alpha = 640°$ $2\alpha = 0°$

Seite 54
ÜBUNG 3:
1.

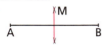

2. (1)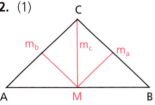
rechtwinklig
M auf Hypotenuse

(2)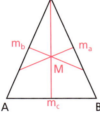
spitzwinklig
M innerhalb

(3)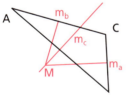
stumpfwinklig
M außerhalb

(4)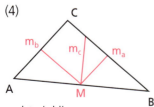
rechtwinklig
M auf Hypotenuse

Seite 55
ÜBUNG 4:
1. (1) $h_a = 1{,}9$ cm
$h_b = 1{,}5$ cm
$h_c = 2{,}2$ cm

(2) $h_c = 1{,}4$ cm
$h_a = 1{,}7$ cm
$h_b = 2{,}4$ cm

(3) $h_c = 1{,}7$ cm
$h_b = 2{,}2$ cm
$h_a = 2{,}3$ cm

(4) $h_a = 1{,}7$ cm
$h_b = 1{,}7$ cm
$h_c = 2{,}3$ cm

2. (1) 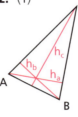 (2)

(3) 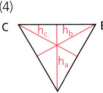 (4)

ÜBUNG 5:
(1) 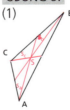 (2)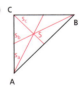

(3) 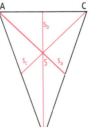 (4)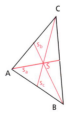

Seite 58
ÜBUNG 1:
1. 13400 cm²
   500 dm²
   1500 ha
   52000 m²
   410 mm²
   98800 a
   7 m²
   78,51 ha
   69 a
   6000000 m²
   110000 m²
   8 m²
2. 84,32 m² = 8432 dm²
   14,15 km² = 1415 ha
   84,061204 ha = 8406,1204 a = 840612,04 m² = 84061204 dm²
3. 1274 mm²; 1264 mm²; 398,90 dm²; 172 dm²; 1481 dm²; 594 a

ÜBUNG 2:
1. a) A = 18 cm²,   u = 21,1 cm
   b) A = 18,97 cm², u = 20 cm
   c) A = 8 cm²,   u = 13 cm
2. a) 4 cm
   b) 15 mm²
   c) 3 a
   d) 4 m
   e) 4 mm
   f) 60 cm²
   g) 42 a²

Seite 59
ÜBUNG 3:
1. a) c ≈ 9,4 cm
   b) c ≈ 9,7 cm
   c) a = 3 km
   d) b = 6 km
   e) b ≈ 7,2 mm
   falsch: ≈ 9,9 cm
2. a) b ≈ 7,7 m
   b) e ≈ 7,1 dm
   c) a ≈ 56,6 mm
   d) e ≈ 1,3 m

3. a) c = 11 cm; a ≈ 9,9 cm
      b ≈ 4,7 cm; h ≈ 4,2 cm
   b) a ≈ 13 cm; b ≈ 16,5 cm
      q = 13 cm; h ≈ 10,2 cm
   c) c ≈ 6,4 cm; p ≈ 2,5 cm
      q ≈ 3,9 cm; h ≈ 3,1 cm
4. a) c ≈ 7,5 cm
   b) h ≈ 8,2 cm
   c) h ≈ 9,8 cm
   d) h ≈ 5,5 cm
5. a) h ≈ 3,5 cm; A ≈ 6,9 cm²
   b) a ≈ 8,6 cm; h ≈ 7,45 cm
   c) h ≈ 4 km; A ≈ 9,2 km²
   d) a ≈ 19,1 km; h ≈ 16,5 km

Seite 62
ÜBUNG 1:   (1 cm ≙ 3 cm)
1. a)   b)
SSS

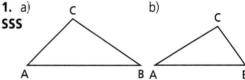

   c)   d)

2. a)   b)
SWS

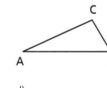

   c)   d)

Lösungen
SEITE 58–65

3. a) WSW 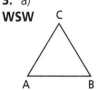 b) c)   d)

c) d)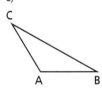

4. a) SSW   b)

c) d)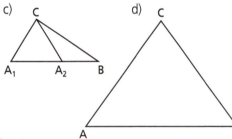

Seite 63
ÜBUNG 2:
1. a) $c \approx 4{,}2$ cm
   b) $c \approx 5{,}7$ cm
   c) $b \approx 5{,}6$ cm

2. a) b) (1 cm $\triangleq$ 3 cm)
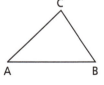 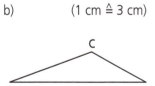

ÜBUNG 3:
a) $b = 10$ m; $g \approx 7{,}2$ m
b) $a = 22$ m; $h = 15{,}9$ m

Seite 64
Abschlusstest III:

1.

	1	2	3	4	5	6	7	8
wahr		i		h	t		g	
falsch	r		c			i		!

2. a) $\alpha' = 135°$; $\beta = 90°$; $\beta' = 90°$; $\gamma = 45°$
   b) $\alpha' = 120°$; $\beta = 60°$; $\beta' = 120°$; $\gamma = 60°$
   c) $\alpha' = 160°$; $\beta' = 60°$; $\gamma = 40°$

Seite 65
3. a)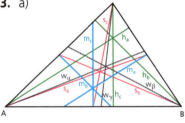

b)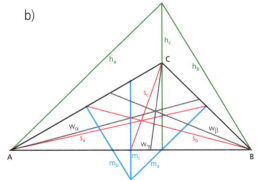

149

4. a) $A = 4 \text{ cm}^2$
   b) $A = 39{,}2 \text{ dm}^2$
   c) $A = 56 \text{ mm}^2$
   d) $A = 10{,}8 \text{ km}^2$
   e) $A = 91 \text{ m}^2$
   f) $A \approx 62{,}65 \text{ m}^2$
5. 412 mm^2; $3{,}04 \text{ m}^2$; $15{,}12 \text{ a}$; 323 ha; $24{,}0023 \text{ dm}^2$; $4{,}03 \text{ m}^2$; $10{,}01 \text{ ha}$; $3{,}34 \text{ km}^2$; 3602 cm^2
6. a) $u \approx 15{,}4 \text{ cm}$
   b) $A = 16 \text{ cm}^2$
   c) $A = 15 \text{ cm}^2$
      $u \approx 23{,}4 \text{ cm}$
   d) $A \approx 11{,}1 \text{ cm}^2$
      $u \approx 16{,}7 \text{ cm}$
7. a) SSW   b) SSS

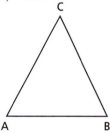

c) SWS

d) WSW

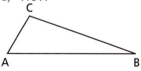

Vielecke und Vierecke

Seite 68
ÜBUNG 1:
1. a) nicht überschlagen
   b) überschlagen
   c) nicht überschlagen
2. a) konkav
   b) konvex
   c) konkav
3. a) regelmäßiges 6-Eck
   b) unregelmäßiges 3-Eck
   c) regelmäßiges 3-Eck
   d) regelmäßiges 5-Eck

Seite 69
ÜBUNG 2:
1. a)   b)

c)

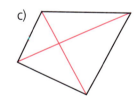

Lösungen
SEITE 65–73

2. a)   b)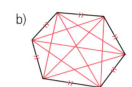

2.
(1) 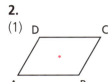 (2)

3. a) 5-Eck: $\alpha = 108°$
b) 4-Eck: $\alpha = 90°$
c) 6-Eck: $\alpha = 120°$
d) 3-Eck: $\alpha = 60°$

Richtige Innenwinkelsumme: 378°

(3)

Nicht symmetrisch: Nr. 3

3.
(1)   (2)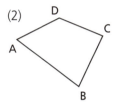

Seite 72
ÜBUNG 1:

	1	2	3	4	5	6	7	8	9	10
wahr	E	c	k		n	k		n	i	g
falsch				e			ö			

ÜBUNG 2:

(3)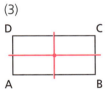

Nicht symmetrisch: Nr. 2

Seite 73
ÜBUNG 3:
1.
(1) 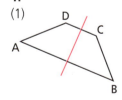 (2)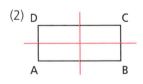

ÜBUNG 4:

(Beispiele)

(3)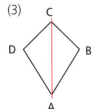

151

Seite 76
ÜBUNG 1:
1. $\alpha + \beta + \gamma + \delta = 360°$
2. $\delta = 110°$; $\gamma = 90°$ und $\delta = 110°$; $\beta = 95°$ und $\delta = 95°$

Puzzleauflösung:

Winkelmesser

ÜBUNG 2:
1. Diagonale
2. Trapez
3. Parallelogramm

Seite 77
ÜBUNG 3:
1.

	1	2	3	4	5	6	7	8	9	10	11
wahr		r	s		k		a	s			
falsch	e			t		l			s	i	g

Berichtigung der falschen Aussagen: 1-Viereck, 4-≅, 6-AL$_1$D, 9-ADC, 10-Winkel, 11-ADL$_1$
2. in der richtigen Lücken-Reihenfolge:
ABCD, Parallelogramm, $\overline{AD}$ ∥ $\overline{BC}$, $\overline{AB}$ ≅ $\overline{DC}$ und $\overline{AD}$ ≅ $\overline{BC}$, $\overline{BC}$ ≅ $\overline{DA}$.

Seite 80
ÜBUNG 1:

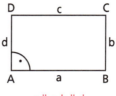

a ∥ c; b ∥ d
a = c; b = d

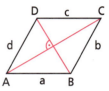

a ∥ c; b ∥ d
a = c = b = d

a ∥ c; b ∥ d
a = c = b = d

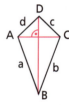

a = b; c = d

ÜBUNG 2:
1. w, w, f, w
2. Ein Viereck, bei dem die Diagonalen senkrecht aufeinander stehen und dessen eine Diagonale die Symmetrieachse des Vierecks ist, heißt Drachenviereck.
Ein Viereck mit zwei Paaren gleich langer Nachbarseiten heißt Drachenviereck.
Ein Parallelogramm mit einem rechten Winkel heißt Rechteck.
Quadrat, Trapez ...
Du hast die Definitionen bestimmt selbst gefunden!

Seite 81
ÜBUNG 3:
Aussage 1: 1 – senkrecht, 2 – ≅, 3 – $\overline{AC}$ ⊥ $\overline{BD}$, 4 – ≅, 5 – $\overline{CM}$, 6 – CMB
Aussage 2: 1 – ⊥, 2 – ≅, 3 – CMB, 4 – ∆ CMB, 5 – $\overline{AB}$ ≅ $\overline{CB}$

Lösungen
SEITE 76–88

Seite 84
ÜBUNG 1:
1. a) u = 12 cm; A = 9 cm²; e ≈ 4,2 cm
   b) a = 6 cm; u = 24 cm; e ≈ 8,5 cm
   c) a = 11,5 km; A = 132,25 km²;
      e ≈ 16,3 km
   d) u = 6,8 cm; A = 2,89 cm²; e ≈ 2,4 cm
   e) a = 11 mm; u = 44 mm; e ≈ 15,6 mm
   f) a = 2,4 cm; A = 5,76 cm²; e ≈ 3,4 cm
2. a) u = 8,4 m; A = 4,25 m²
   b) u = 6,14 m; A = 2,257 m²
   c) u = 11,2 m; A = 7,8 m²
   d) u = 19,91 m; A ≈ 71,28 m²
3. a) A = 32 cm²
   b) A = 27 cm²
   c) A = 48 cm²
   d) A = 33 cm²
   e) A = 30 cm²
   f) A = 46 cm²

Seite 85
ÜBUNG 2:
1. a) h_a = 2,5 cm; h_b = 2 cm; u = 18 cm
   b) a = 7 cm; h_b = 8 cm; A = 14 cm²
   c) b = 8 cm; A = 36 cm²; u = 18 cm
   d) a = 12,5 cm; b = 14 cm; h_b = 8 cm
   e) b = 20 cm; h_a = 4 cm; A = 64 cm²
   f) a = 2,2 cm; h_b = 8,8 cm; u = 8,4 cm
2. a) A = 17,5 cm²
   b) u = 26 cm
   c) A = 6420 m²
3. Quadrat: A = 9 cm²; u = 12 cm
   Parallelogramm: A = 6 cm²; u = 14 cm
   Rechteck: u ≈ 16,9 cm; A ≈ 17,9 cm²
   Drachenviereck: A = 17,5 cm²
   Quadrat: A = 7,29 cm²; u = 10,8 cm;
           e ≈ 3,8 cm
   Rhombus: A = 10 cm²; a ≈ 3,2 cm

Seite 88
ÜBUNG 1: (1 cm ≙ 3 cm)

1. a) 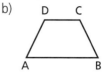 b)

   c)

2. a) 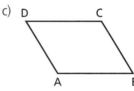 b)

   c)

3. a)

   b)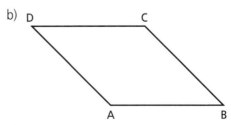

   c)

153

4. a) b)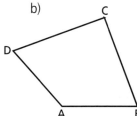

5. a) 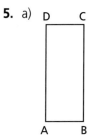 b)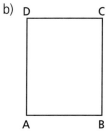

c)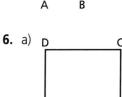

6. a) 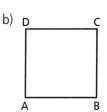 b)

c)

Seite 89
ÜBUNG 2:
1. a) Quadrat; Strecke
   b) Dreieck
   c) Viereck
   d) Dreieck; gleichschenkliges Trapez
   e) Viereck
   f) Rechteck; Dreieck; Parallelogramm; Rhombus
   g) Parallelogramm; Dreieck; Rhombus
   h) Viereck
2. a) ja
   b) ja
   c) ja
   d) nein
   e) nein
   f) ja

Seite 90
Abschlusstest IV:
1. Zum Beispiel:
   a)
   b)
   c)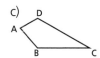
   d)

2. Auf den Seiten 82 und 83 findest du die große Übersicht. Schau dort nach!
3. a) $\delta = 60°$
   b) $\beta = 75°$, $\delta = 105°$
   c) $\alpha = 110°$, $\gamma = 110°$

Seite 91
4. A = 60 cm²

5. a = 7,25 cm; b = 8 cm

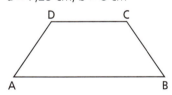

30,5 cm Zaun sind nötig.

6. A_R = 4335 m²;
Kosten für die Bestellung des Rechtecks: DM 216,75.
A_{Qu} = 9604 m²;
Kosten für die Bestellung des Quadrats: DM 480,20.

7. a = 12 m; 48 Steine sind als Umfassung an jeder Seite nötig.

8.

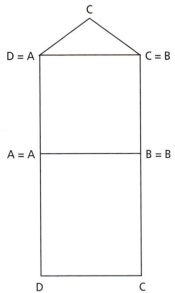

Kreise

Seite 94
ÜBUNG 1:

	1	2	3	4	5	6	7	8	9	10	11	12	13	14
wahr		g		o		e	t		i		c	h	u	t
falsch			e		m			r		s		g		

Seite 95
ÜBUNG 2:

1. a) (1) Radius   (2) Sehne
   b) (1) Mittelpunkt (2) Passante
   c) (1) Tangente   (2) Durchmesser

2. (1)   (2)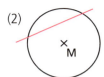

(3) 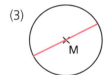 (4)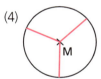

(5) 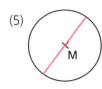 (6)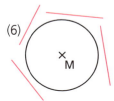

Seite 98
ÜBUNG 1:

1. a) Peripheriewinkel
   b) Peripheriewinkel
   c) Sehnentangentenwinkel
   d) Zentriwinkel

2. a) 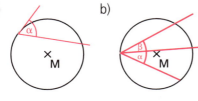 b)

Gegeben:

c) d)

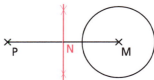

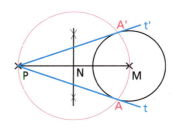

ÜBUNG 2:
1. Korrektur in der richtigen Reihenfolge:
AMB = α; Peripheriewinkel; BAD = γ; Dreieck; Mittelsenkrechte; α; senkrecht; $\gamma + \delta = 90°$, $\frac{\alpha}{2} + \delta = 90°$, $\alpha = 2\gamma$; Sehnentangentenwinkel; $\alpha = 2\beta$, $\beta = \gamma$

Seite 99
2. „Lückenfüller" in der richtigen Reihenfolge:
Peripheriewinkel; M; $\overline{AB}$; Peripheriewinkel ACB ist ein rechter Winkel; Mittelsenkrechte; Geraden AB; AMC', BMC'; Basis(winkel); gleichschenklig-rechtwinkliger; 45°; rechter

Seite 102
ÜBUNG 1:
Konstruktionsbeschreibung:
Tangente von einem Punkt P außerhalb eines Kreises.
Konstruiere den Mittelpunkt N der Strecke $\overline{PM}$. Zeichne den Kreis um N mit dem Radius $\overline{MN}$ und bezeichne die Schnittpunkte mit dem Kreis mit A bzw. A'.
Zeichne die Geraden PA und PA'. Die Dreiecke sind rechtwinklig (Satz des Thales). Die Geraden PA und PA' sind die Tangenten t und t' von P an den gegebenen Kreis.

ÜBUNG 2:
2. $M_1 = M_{11} > M_2 = M_{10} > M_9 = M_7 = M_6 = M_5 = M_4 = M_3 = M_8$

Seite 103
ÜBUNG 3:
1. Jede Gerade durch den Mittelpunkt eines Kreises ist Symmetrieachse dieses Kreises.
2. Aussage ist richtig.
3. Peripheriewinkel über derselben Sehne eines Kreises sind gleich groß.

ÜBUNG 4:
1. a) b)

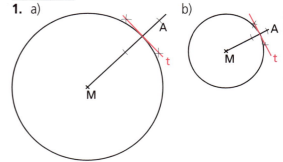

Lösungen
SEITE 98–107

2. a)

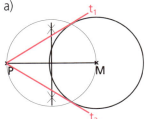

b)

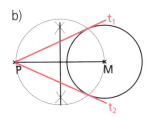

Seite 106
ÜBUNG 1:
1. Alle Angaben gerundet:
   a) A = 50,27 cm²
      u = 25,13 cm
   b) A = 804,25 mm²
      u = 100,53 mm
   c) A = 452,39 m²
      u = 75,40 m
   d) A = 50,27 km²
      u = 25,13 km
   e) A = 490,87 dm²
      u = 78,54 dm
   f) A = 211,24 cm²
      u = 51,52 cm
   g) A = 0,13 m²
      u = 1,26 m
   h) A = 387,08 km²
      u = 69,74 km
2. a) r = 1,91 m
      A = 11,46 m²
   b) r = 2,15 km
      A = 14,5 km²
   c) r = 77,35 cm
      A = 18796 cm²
   d) r = 2,23 mm
      A = 15,6 mm²

3. a) r = 1,32 km
       u = 8,29 km
   b) r = 0,76 m
       u = 4,76 m
   c) r = 5,65 mm
       u = 35,5 mm
   d) r = 1,24 km
       u = 7,77 km

4. a) A = 251,32 m²
   b) u = 125,66 m

5. a) r = 10 cm
   b) α = 2,35°
   c) –
   d) A = 30 cm²
   e) A = 37,7 cm²
   f) –
   g) r = 280,67 cm

Seite 107
ÜBUNG 2:
1. a) d = 16,87 cm
      A = 223,53 cm²
   b) d = 33,42 cm
      A = 877,21 cm²
   c) d = 700,28 mm
      A = 38,51 cm²
2. a) d = 5,75 cm
   b) d = 36,12 cm
   c) d = 17,6 dm
3. a) u = 16022,1 km
      A = 20428206,2 km²
   b) u = 21633 km
      A = 37241221,6 km²
   c) u = 156240,8 km
      A = 1942581268 km²
   d) u = 168257,4 km
      A = 2252882717 km²
4. a) d = 34 cm; A = 904,8 cm²
   b) d = 28 cm; A = 615,75 cm²
   c) d = 9,8 cm; A = 75,40 cm²
   d) d = 32,5 cm; A = 831 cm²
5. A = 2591,81 m²

Seite 108
Abschlusstest V:
1. Der Kreis (die Kreislinie) ist die Menge aller Punkte einer Ebene, die von einem festen Punkt dieser Ebene den gleichen Abstand haben.

2. a)   b)
c) 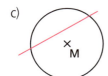 d)
e) 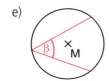 f)
g) 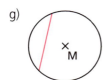 h)

3. (1) Durchmesser; (2) Sehne; (3) zwei; (4) Tangente; (5) Radius; (6) Zentriwinkel

4. Beweis des Satzes von Thales:
Voraussetzung: Der Winkel ACB sei ein Peripheriewinkel in einem Kreis über dem Durchmesser $\overline{AB}$.
Behauptung: Der Peripheriewinkel ACB ist ein rechter Winkel.
Beweis: Die Mittelsenkrechte der Strecke $\overline{AB}$ schneide den Kreis in C', wobei C' mit C auf derselben Seite der Geraden AB liege. Die Dreiecke AMC' und BMC' sind gleichschenklig-rechtwinklige Dreiecke, die bezüglich der Geraden MC' spiegelbildlich liegen. Da die Basiswinkel gleichschenklig-rechtwinkliger Dreiecke stets 45° betragen, ist der Winkel AC'B ein rechter Winkel. Wegen des Peripheriewinkel-Satzes ist auch der Winkel ACB ein rechter Winkel.

Seite 109
5. a) b)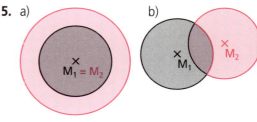
c)

6. a) $A = 339{,}29 \text{ cm}^2$
b) $r_2 = 3{,}58 \text{ cm}$
c) $A = 11{,}78 \text{ cm}^2$
d) $r_1 = 4{,}465 \text{ m}$

7.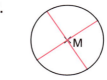

8. a) 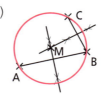 b)

9. a) $b = 20{,}94 \text{ cm}$
b) $A_\alpha = 11{,}94 \text{ cm}^2$

Ähnlichkeit

Seite 112
ÜBUNG 1:
1. a) $\dfrac{\overline{AB}}{\overline{CD}} = \dfrac{2}{3} = 0{,}\overline{6}$
b) $\dfrac{\overline{AB}}{\overline{CD}} = \dfrac{1{,}5}{2{,}5} = 0{,}6$

c) $\frac{\overline{AB}}{\overline{CD}} = \frac{1{,}5}{3} = 0{,}5$

d) $\frac{\overline{AB}}{\overline{CD}} = \frac{3}{2{,}5} = 1{,}2$

e) $\frac{\overline{AB}}{\overline{CD}} = \frac{3}{4{,}5} = 0{,}\overline{6}$

f) $\frac{\overline{AB}}{\overline{CD}} = \frac{4}{2} = 2$

2. a) $\frac{a}{b} = \frac{36\,cm}{12\,cm} = 3;\quad \frac{b}{a} = \frac{12\,cm}{36\,cm} = 0{,}\overline{3}$

b) $\frac{a}{b} = \frac{90\,cm}{75\,cm} = 1{,}2;\quad \frac{b}{a} = \frac{75\,cm}{90\,cm} = 0{,}8\overline{3}$

c) $\frac{a}{b} = \frac{120\,cm}{200\,cm} = 0{,}6;\quad \frac{b}{a} = \frac{200\,cm}{120\,cm} = 1{,}\overline{6}$

d) $\frac{a}{b} = \frac{5\,dm}{7{,}5\,dm} = 0{,}\overline{6};\quad \frac{b}{a} = \frac{7{,}5\,dm}{5\,dm} = 1{,}5$

e) $\frac{a}{b} = \frac{\sqrt{32}\,cm}{\sqrt{18}\,cm} = 1{,}\overline{3};\quad \frac{b}{a} = \frac{\sqrt{18}\,cm}{\sqrt{32}\,cm} = 0{,}75$

3. a) b)

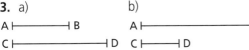

c) d)

e)

4. a) $\overline{AB} = 18$ cm
b) $\overline{AB} = 40$ m
c) $\overline{CD} = 120$ dm
d) $\overline{CD} = 108$ mm

5. $\frac{\overline{AB}}{\overline{BC}} = 2$

$\frac{\overline{AB}}{\overline{AC}} = 2{,}4$

$\frac{\overline{BC}}{\overline{AC}} = 1{,}2$

$\frac{\overline{BC}}{\overline{AB}} = 0{,}5$

$\frac{\overline{AC}}{\overline{AB}} = 0{,}41\overline{6}$

$\frac{\overline{AC}}{\overline{BC}} = 0{,}8\overline{3}$

Seite 113
ÜBUNG 2:

1. auf h_1: $\overline{SA}, \overline{SB}, \overline{SC}, \overline{AB}, \overline{AC}, \overline{BC}$
auf h_2: $\overline{SD}, \overline{SE}, \overline{SF}, \overline{DE}, \overline{DF}, \overline{EF}$
auf h_3: $\overline{SG}, \overline{SH}, \overline{SJ}, \overline{GH}, \overline{GJ}, \overline{HJ}$
auf h_4: $\overline{SK}, \overline{SL}, \overline{SM}, \overline{KL}, \overline{KM}, \overline{LM}$

2. auf g_1: $\overline{CF}, \overline{CJ}, \overline{CM}, \overline{FJ}, \overline{FM}, \overline{JM}$
auf g_2: $\overline{BE}, \overline{BH}, \overline{BL}, \overline{EH}, \overline{EL}, \overline{HL}$
auf g_3: $\overline{AD}, \overline{AG}, \overline{AK}, \overline{DG}, \overline{DK}, \overline{GK}$

3. auf h_1 und h_2: $\overline{SA}$ und $\overline{SD}$, $\overline{SB}$ und $\overline{SE}$, $\overline{SC}$ und $\overline{SF}$, $\overline{AB}$ und $\overline{DE}$, $\overline{BC}$ und $\overline{EF}$, $\overline{AC}$ und $\overline{DF}$

4. auf g_1 und g_2: $\overline{CF}$ und $\overline{BE}$, $\overline{FJ}$ und $\overline{EH}$, $\overline{JM}$ und $\overline{HL}$, $\overline{CJ}$ und $\overline{BH}$, $\overline{CM}$ und $\overline{BL}$, $\overline{FM}$ und $\overline{EL}$, $\overline{JM}$ und $\overline{HL}$

Seite 116
ÜBUNG 1:

a) 2. Teil: Je zwei Parallelenabschnitte, die zwischen gleichen Strahlen liegen, verhalten sich zueinander wie die zugehörigen Strahlenabschnitte ein und desselben Strahls.

b) 3. Teil: Die Abschnitte auf einer Parallelen verhalten sich zueinander wie die zugehörigen Abschnitte auf einer anderen Parallelen.

ÜBUNG 2:

Der „Lückenfüller" in der richtigen Reihenfolge: m_1, m_2, m_3; Parallelenschar $g_1\ g_2$; $\overline{BD}, \overline{CE}$ und $\overline{DF}$; $\frac{\overline{AC}}{\overline{CE}} = \frac{\overline{BD}}{\overline{DF}}$; $\frac{\overline{SC}}{\overline{SD}}$; $\frac{\overline{SC}}{\overline{SD}}$; $\overline{BD}$; $\overline{DF}$; $\overline{CE}$; $\overline{DF}$

Seite 117
ÜBUNG 3:

1. a) $\frac{\overline{SA}}{\overline{SB}} = \frac{\overline{AR}}{\overline{BM}}$

b) $\frac{\overline{SR}}{\overline{SM}} = \frac{\overline{AR}}{\overline{BM}}$

c) $\frac{\overline{AR}}{\overline{BM}} = \frac{\overline{SA}}{\overline{SB}}$

d) $\frac{\overline{SC}}{\overline{SB}} = \frac{\overline{ST}}{\overline{SM}}$

e) $\dfrac{\overline{ST}}{\overline{SM}} = \dfrac{\overline{SC}}{\overline{SB}}$

f) $\dfrac{\overline{CT}}{\overline{BM}} = \dfrac{\overline{ST}}{\overline{SM}}$

g) $\dfrac{\overline{AR}}{\overline{CT}} = \dfrac{\overline{SA}}{\overline{SC}}$

h) $\dfrac{\overline{ST}}{\overline{SR}} = \dfrac{\overline{SC}}{\overline{SA}}$

2. a) $b = 6$ cm

$b \approx 2{,}29$ cm

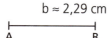

b) $a = 1$ cm

$a \approx 2{,}62$ cm

3. a) $c_2 = 14$ cm; $a_2 = 10{,}5$ cm
b) $b_1 = 0{,}75$ cm; $a_2 = 8$ cm
c) $a_1 = 3{,}\overline{3}$ cm; $b_1 = 6{,}\overline{6}$ cm
d) $b_2 = 8$ cm; $c_1 = 10$ cm
e) $c_1 = 10{,}67$ cm; $a_1 = 4{,}1\overline{6}$ cm
f) $b_1 = 18{,}86$ cm; $c_2 = 63{,}6$ cm

Seite 120

ÜBUNG 1:

1. a)

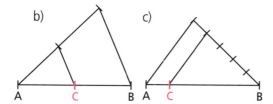

2. a)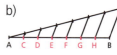

b)

c)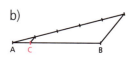

d)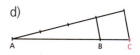

e)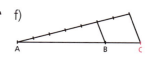

Seite 121
ÜBUNG 2:
1. a)

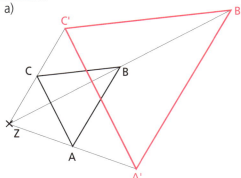

b)

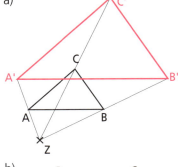

2. a)

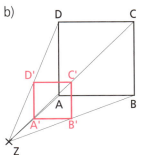

b)

c)

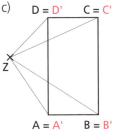

3.

	1	2	3	4	5	6
wahr	p		i	m	a	!
falsch		r				

Seite 124
ÜBUNG 1:

	1	2	3	4	5	6	7	8	9	10
wahr	e				k	l	a		i	g
falsch		r	s	t				ss		

Seite 125
ÜBUNG 2:
1. a)   b)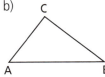

c)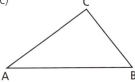

d)   e)

f)
g)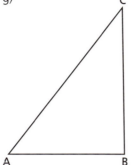

h) (triangle ABC)

Δ (a) ~ Δ (c) ~ Δ (f) (Übereinstimmung im Verhältnis dreier Seiten)
Δ (b) ~ Δ (d) (Übereinstimmung in zwei Winkeln)
Δ (e) ~ Δ (g) (Übereinstimmung im Verhältnis zweier Seiten und dem eingeschlossenen Winkel)

2. (1) □ a ~ □ e
(2) □ b ~ □ d ~ □ f

3. a) nein; verschiedene Basiswinkel
b) ja; Winkel sind alle 60°
c) nein; da α ≠ α' und β ≠ β'
d) ja; da γ = 90° und α = β = 45°

Seite 126
Abschlusstest VI:

1. Als Ähnlichkeit wird die geometrische Verwandtschaft bezeichnet, die völlige Übereinstimmung der Gestalt der Figuren. Dies bedeutet aber nicht, daß die Figuren auch in ihrer Größe übereinstimmen müssen.
Zwei ebene Figuren heißen ähnlich, wenn es eine Ähnlichkeitsabbildung gibt, bei der die eine Figur dem Bild der anderen Figur entspricht: $F_1 \sim F_2$.

2. a) $\frac{\overline{AB}}{\overline{CD}} = \frac{2}{7} \approx 0{,}29$

$\frac{\overline{AB}}{\overline{EF}} = \frac{2}{5} = 0{,}4$

$\frac{\overline{CD}}{\overline{EF}} = \frac{7}{5} = 1{,}4$

b) $\frac{\overline{AB}}{\overline{CD}} = \frac{4}{4} = 1$

$\frac{\overline{AB}}{\overline{EF}} = \frac{4}{7} \approx 0{,}57$

$\frac{\overline{CD}}{\overline{EF}} = \frac{4}{7} \approx 0{,}57$

c) $\frac{\overline{AB}}{\overline{CD}} = \frac{6}{2} = 3$

$\frac{\overline{AB}}{\overline{EF}} = \frac{6}{1} = 6$

$\frac{\overline{CD}}{\overline{EF}} = \frac{2}{1} = 2$

3. a) $\overline{AB} = 1$ cm; $\overline{ZD} = 2{,}5$ cm; $\overline{CD} = 0{,}5$ cm
b) $\overline{ZB} = 5{,}4$ cm; $\overline{ZC} = 4{,}9$ cm; $\overline{CD} = 1{,}4$ cm
c) $\overline{ZA} = 31{,}4$ cm; $\overline{ZB} = 41{,}4$ cm; $\overline{ZC} = 2{,}2$ cm
d) $\overline{AB} = 3{,}3$ cm; $\overline{ZC} = 9{,}5$ cm; $\overline{ZD} = 12{,}8$ cm
e) $\overline{ZA} = 3{,}3$ cm; $\overline{ZB} = 5{,}5$ cm; $\overline{CD} = 1{,}8$ cm
f) $\overline{ZB} = 6{,}87$ cm; $\overline{AB} = 2{,}07$ cm; $\overline{CD} = 1{,}6$ cm

4. $\frac{\overline{AC}}{\overline{AE}} = \frac{\overline{BC}}{\overline{DE}} = \frac{40 \text{ m}}{\overline{AE}} = \frac{24 \text{ m}}{36 \text{ m}}$,

$\overline{AE} = \frac{40 \text{ m} \cdot 36 \text{ m}}{24 \text{ m}} = 60 \text{ m}$

$\frac{\overline{AB}}{\overline{BD}} = \frac{\overline{AC}}{\overline{CE}} = \frac{\overline{AB}}{16 \text{ m}} = \frac{40 \text{ m}}{20 \text{ m}}$,

$\overline{AB} = 32 \text{ m}$

Seite 127

5.
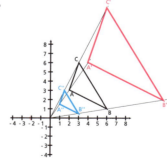

$\frac{ZA}{ZA'} = \frac{ZB}{ZB'} = \frac{ZC}{ZC'}$;

$\frac{ZA}{ZA''} = \frac{ZB}{ZB''} = \frac{ZC}{ZC''}$;

$\frac{ZA'}{ZA''} = \frac{ZB'}{ZB''} = \frac{ZC'}{ZC''}$;

$\frac{ZA'}{ZB'} = \frac{ZA}{ZB}$;

$\frac{ZC''}{ZB''} = \frac{ZC}{ZB}$ usw.

6.

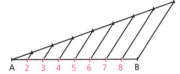

7. a)

b)

8. a)

b)

9. a) ähnlich; entsprechende Winkel sind gleich groß
b) ähnlich; bei gleichschenkligen Dreiecken sind die Basiswinkel gleich groß
c) ähnlich; Winkel stimmen überein, und Seitenverhältnisse stimmen überein

Elementare Bewegungen

Seite 130
ÜBUNG 1:

	1	2	3	4	5	6	7	8	9	10
wahr		g		t	ü	b	e		l	
falsch		u						r		eg t

Seite 131
ÜBUNG 2:

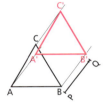

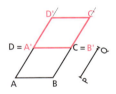

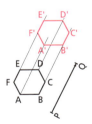

Seite 134
ÜBUNG 1:
1. a)

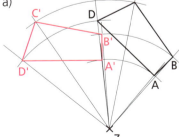

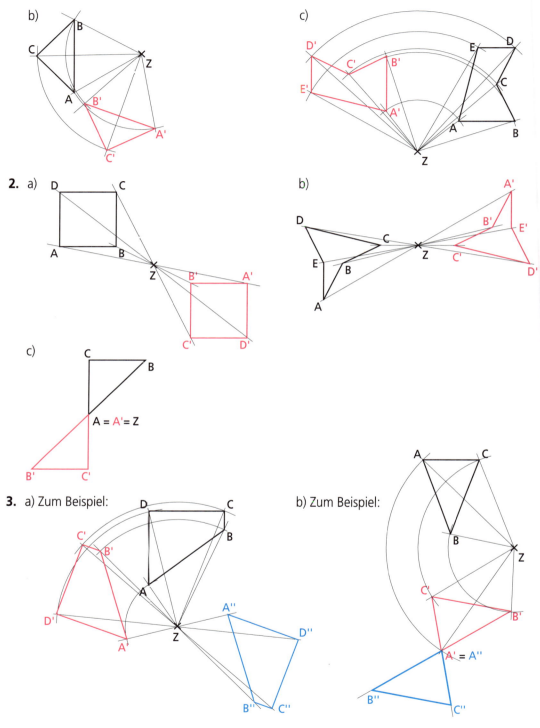

Lösungen
SEITE 134–136

Seite 135
ÜBUNG 2:

a)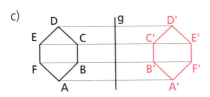

b)

c)

d)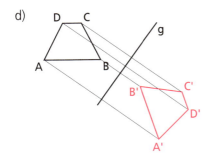

ÜBUNG 3:

	1.1	2	3	4	5	**2.**1	2
wahr	s	e			g	u	
falsch			h	r			t

Seite 136
Abschlusstest VII:

1. Punkte einer Punktmenge M_1 werden durch eine Vorschrift Punkten einer Punktmenge M_2 zugeteilt.

2.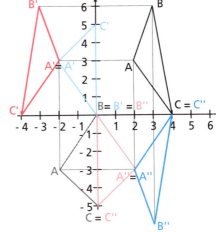

3. a)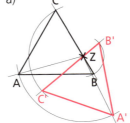

b)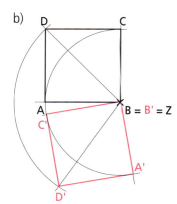

c)

4.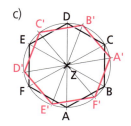

a) $\overline{AB} = 3$ cm; $\overline{AC} = 6$ cm; $\overline{AD} = 5$ cm;
   $\overline{BD} = 4$ cm; $\overline{BE} = 5$ cm; $\overline{BC} = 6{,}7$ cm;
   $\overline{ED} = 3$ cm
b) $\overrightarrow{BD}$ und $\overrightarrow{AC}$; $\overrightarrow{AD}$ und $\overrightarrow{BE}$
c) $\overrightarrow{AB}$ und $\overrightarrow{ED}$

5.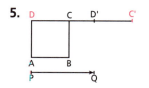

Seite 137

6. (1) Das Bild von g kann l und m sein: Original- und Bildgerade müssen parallel zueinander verlaufen.
(2) Das Bild von s kann nur u sein: Original- und Bildstrahl müssen parallel und gleichgerichtet verlaufen.

7.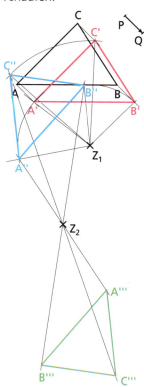

8. Zum Beispiel:

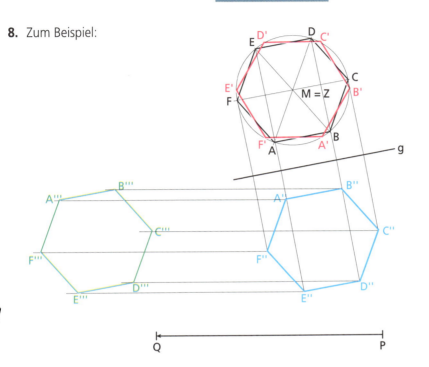

Der Text dieses Buches entspricht den Regeln der neuen deutschen Rechtschreibung.

ISBN 3-572-01458-2

© 2003 by Orbis Verlag, einem Unternehmen der Verlagsgruppe Random House GmbH, 81673 München
www.orbis-verlag.de
© der Originalausgabe 1995/1997 by FALKEN Verlag GmbH
Die Verwertung der Texte und Bilder, auch auszugsweise, ist ohne Zustimmung des Verlags urheberrechtswidrig und strafbar. Dies gilt auch für Vervielfältigungen, Übersetzungen, Mikroverfilmung und für die Verarbeitung mit elektronischen Systemen.

Umschlaggestaltung: Büro Norbert Pautner, München
Gestaltung: Horst Bachmann
Redaktion: Dr. Werner Brand
Redaktion dieser Ausgabe: Dr. Iris Hahner
Fotos: Gisela Kelbert, Idstein: 125; **Ulrich Niehoff**, Bienenbüttel: 7; **Silvestris Fotoservice**, Kastl/Obb.: 13 o., 63 (Lindenberger); **FALKEN Archiv/Burock**: 130; **Pinzer**: 33, 42; **Pool Ges./Hogen u. Zöltsch**: 6, 103; **K. J. Prior**: 5; **Schimmelpfennig**: 5, 67; **S. Layda**: 106; **TLC**: 13 u., 55, 98, 107; **M. Zorn**: 5, 18, 19
Zeichnungen: Jovica Savin, Frankfurt am Main

Die Ratschläge in diesem Buch sind von der Autorin und vom Verlag sorgfältig erwogen und geprüft, dennoch kann eine Garantie nicht übernommen werden. Eine Haftung der Autorin bzw. des Verlags und seiner Beauftragten für Personen-, Sach- und Vermögensschäden ist ausgeschlossen.

Satz: Raasch & Partner GmbH, Neu-Isenburg
Druck: Těšínská Tiskárna, Český Těšín

Printed in Czech Republic